职业教育本科土建类专业融媒体系列教材
浙江省普通高校"十三五"新形态教材

建设项目招标投标与合同管理

费丽渊　主编
楼妙娟　副主编

中国建筑工业出版社

图书在版编目（CIP）数据

建设项目招标投标与合同管理 / 费丽渊主编；楼妙娟副主编. — 北京：中国建筑工业出版社，2023.11
职业教育本科土建类专业融媒体系列教材　浙江省普通高校"十三五"新形态教材
ISBN 978-7-112-29209-7

Ⅰ. ①建… Ⅱ. ①费… ②楼… Ⅲ. ①建筑工程-招标-高等学校-教材②建筑工程-投标-高等学校-教材③建筑工程-经济合同-管理-高等学校-教材　Ⅳ.
①TU723

中国国家版本馆 CIP 数据核字（2023）第 186451 号

本教材分为 6 个模块，主要内容包括建筑市场，建设工程招标，建设工程投标，开标、评标、定标，建设工程合同法律基础以及建设工程施工合同管理。每个模块有知识、能力、素质目标，每个项目完结后设计了相应的课内实践、思考与练习等内容。教材围绕真实项目展开，以培养技术型人才为目标，突出实操技能训练和动手能力训练，以培养岗位适应能力。本教材可作为土建大类职业教育本科、高等职业教育相关专业的教材，也可以作为建筑施工企业、招标投标代理机构、工程监理等咨询机构在职人员的学习与参考用书。

为方便教学，作者自制课件资源，索取方式为：

1. 邮箱：jckj@cabp.com.cn；2. 电话：（010）58337285；3. 建工书院：http://edu.eabplink.com。

责任编辑：王予芊
责任校对：张　颖
校对整理：董　楠

职业教育本科土建类专业融媒体系列教材
浙江省普通高校"十三五"新形态教材
建设项目招标投标与合同管理
费丽渊　主编
楼妙娟　副主编

*

中国建筑工业出版社出版、发行（北京海淀三里河路 9 号）
各地新华书店、建筑书店经销
北京鸿文瀚海文化传媒有限公司制版
天津画中画印刷有限公司印刷

*

开本：787 毫米×1092 毫米　1/16　印张：10¼　字数：251 千字
2023 年 12 月第一版　　2023 年 12 月第一次印刷
定价：**32.00** 元（赠教师课件）
ISBN 978-7-112-29209-7
（41869）

前　言

建设工程招标投标是建设工程领域各主体在市场经济活动中极为关注的问题。随着工程建设领域改革不断深化，工程招标投标与合同管理在工程建设中的作用越来越重要。工程招标投标的相关法律法规越来越明确，工程招标投标的相关活动越来越规范。

本教材是浙江省普通高校"十三五"新形态教材建设项目，为了支持新形态教学，本书配套微课视频、课件等，以提高教学质量以及学生的学习兴趣。

"工程招标投标与合同管理"是一门实践性很强的课程，因此，本教材根据招标文件、投标文件以及开标、评标、定标等实际工作流程编写。本教材可作为本科层次职业教育的工程造价、建设工程管理、建筑工程、建筑设计等土木建筑大类专业的教学用书，也可作为高等职业教育相关专业的教材，也可以作为招标投标行业从业人员专业素养及技能培训教材以及作为其他学科学习"工程招标投标与合同管理"相关知识时使用。

本教材在编写过程中，以习近平新时代中国特色社会主义思想为理论指导，坚持以培养土木建筑大类专业高层次技术技能人才为目标，紧密对接行业法律法规，体现职业教育特点。根据现行的《中华人民共和国招标投标法》《中华人民共和国民法典》《中华人民共和国建筑法》等与工程建设相关的法律、法规、规范编写而成。

本教材由浙江广厦建设职业技术大学费丽渊任主编；义乌市汇商置业有限公司楼妙娟任副主编；浙江广厦建设职业技术大学许尧芳、曾钊参与编写；浙江广厦建设职业技术大学费丽渊、许尧芳、黄文、吴超强、王灯灯，义乌市汇商置业有限公司楼妙娟参与拍摄视频资源。教材分6个模块，模块1、模块2、模块5、模块6由费丽渊编写；模块3由楼妙娟编写；模块4由许尧芳编写；教材由浙江科技学院叶良教授担任主审。

本教材在编写过程中参考了书后所列的参考文献中的部分内容，在此向作者致以衷心的感谢。

由于编写水平有限，编写时间较紧，书中疏漏与不妥之处，恳请读者批评指正，谢谢。

目　录

Chapter 01

模块1

建筑市场

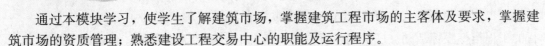

知识目标

通过本模块学习，使学生了解建筑市场，掌握建筑工程市场的主客体及要求，掌握建筑市场的资质管理；熟悉建设工程交易中心的职能及运行程序。

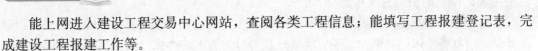

能力目标

能上网进入建设工程交易中心网站，查阅各类工程信息；能填写工程报建登记表，完成建设工程报建工作等。

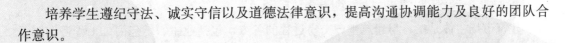

素质目标

培养学生遵纪守法、诚实守信以及道德法律意识，提高沟通协调能力及良好的团队合作意识。

1.1　建筑市场的概念

建筑业在我国国民经济领域占有重要的地位，随着我国市场经济的逐步发展，建筑业的市场行为也逐渐向规范化、专业化的方向发展。《中华人民共和国招标投标法》《房屋建筑和市政基础设施工程施工招标投标管理办法》等以法律的形式对建设工程市场招标投标行为进行了规定。

1.1.1　建筑市场

市场是商品经济的产物，是商品交换的场所。

建筑市场是指以建筑产品发承包交易活动为主要内容的市场，一般称为建设市场或建筑工程市场。

1. 建筑市场的概念

建筑市场有广义和狭义之分。狭义的建筑市场是指有形的建筑交易市场，也就是建筑工程的发包与承包，通常指在建设工程交易中心进行的工程招标投标活动。广义的建筑市场包括有形市场和无形市场，包括与工程建设有关的技术服务、租赁、劳务等各种要素市场，为工程建设提供专业服务的中介机构等，它是建筑工程生产和交易关系的总和。

经过近几年的发展，建筑市场已形成以发包方、承包方、咨询服务机构及市场组织管理者组成的市场主体；有形和无形的建筑产品为对象的市场客体；招标投标为主要交易形式的市场竞争机制；以资质管理为主要内容的市场监管体系。

1.1.2　建筑市场的主体、客体

建筑市场主体是指参与建筑生产交易过程的各方，包括业主、承包商、工程咨询服务机构、市场组织管理者。建筑市场的客体则为有形的建筑产品和无形的建筑产品。

1. 建筑市场主体

（1）业主

业主指既有某项工程建设需求，又有该项工程的建设资金和各种准建手续，在建筑市场中发包工程项目的勘察、设计、施工任务，最终取得建筑产品以达到其经营使用目的的政府部门、企事业单位和个人。

业主的形式有企业或单位、联合投资董事会及各类开发公司：

1）企业或单位。企业或机关事业单位投资新建、扩建、改建工程，则该单位就是项目业主。

2）联合投资董事会。不同投资方参股或共同投资的项目，业主就是共同投资方组成的董事会或管理委员会。

3）各类开发公司。开发公司自行融资或由投资方协商组建或委托开发的工程管理公司也可以成为业主。

业主的主要职责包括建设项目的立项决策、建设项目的资金筹措与管理、办理建设项目的有关手续、建设项目的招标投标与合同管理、建设项目的施工与质量管理、建设项目的竣工验收和试运转以及建设项目的文档管理等。

（2）承包商

承包商指拥有一定数量的建筑装备、流动资金、工程技术经济管理人员及一定数量的工人，取得建设行业相应资质证书和营业执照，能够按照业主的要求完成不同形态的建筑产品并最终得到相应工程价款的建筑施工企业。

相对于业主，承包商一般是长期存在的，承包商从事建筑活动，一般应具备以下条件：①拥有符合国家规定的注册资本；②拥有与其资质等级相适应且具有注册执业资格的专业技术和管理人员；③有从事相应建筑活动所需要的技术设备；④资格审查合格，已取得资质证书和营业执照。

承包商可按其所从事的专业分为土建、水电、道路、港口、铁路、市政工程等专业公司。在市场经济条件下，承包商需要通过市场竞争，即投标取得施工项目，依靠自身的实力赢得市场。

承包商的实力主要包括四个方面：

1）技术方面的实力。承包商应该有精通本行业的工程师、造价师、经济师、会计师、项目经理、合同管理等专业人员队伍；有施工专业装备；有承揽不同类型项目施工的经验。

2）经济方面的实力。承包商应该具有相当的周转资金用于工程准备，具有一定的融资和垫付资金的能力；具有相当的固定资产，为完成项目所需购置大型设备的资金；具有支付各种担保和保险的能力，有承担相应风险的能力；承担国际工程尚需具备筹集外汇的能力。

3）管理方面的实力。建筑承包市场属于买方市场，承包商为打开局面，往往需要低利润报价取得项目，因此必须在成本控制上下功夫，向管理要效益，并采用先进的施工方法提高工作效率和技术水平，这需要具有一批能力过硬的项目经理和管理专家。

4）信誉方面的实力。承包商一定要有良好的信誉，它直接影响企业的生存与发展。建立良好的信誉，就必须遵守法律法规，承担国外工程能按国际惯例办事，保证工程质量、安全、工期、文明施工等，能认真履约。

承包商承揽工程，必须根据本企业的施工力量、机械装备、技术力量、施工经验等方面的条件，选择适合发挥自己优势的项目，避开企业不擅长或缺乏经验的项目，扬长避短，避免给企业带来不必要的风险和损失。

（3）工程咨询服务机构

工程咨询服务机构指具有一定注册资金，具有一定数量的工程技术、经济、管理人员，取得工程咨询证书和营业执照，能为工程建设提供估算测量、管理咨询、建设监理等智力型服务并获取相应费用的企业。

工程咨询服务企业包括勘察设计机构、工程造价咨询单位、招标代理机构、工程监理公司、工程管理公司等，主要是向业主提供工程咨询和管理服务，弥补业主对工程建设过程不熟悉的缺陷，在国际上一般称为咨询公司。在我国，目前数量较多且有明确资质标准的是勘察设计机构、工程监理公司和工程造价咨询单位、招标代理机构，工程管理和其他咨询类企业近年来也有较快的发展。

工程咨询服务机构虽然不是工程承发包的当事人，但其受业主委托或聘用，与业主订有协议书或合同，因而对项目的实施负有相当重要的责任。

（4）市场组织管理者

各级人民政府建设行政主管部门负责建筑市场的管理，履行下列主要职责：

1）贯彻国家有关工程建设的法规和方针政策，制定建筑市场管理法规。

2）总结交流建筑市场管理经验，指导建筑市场的管理工作。

3）根据工程建设任务与设计、施工力量，建立平等竞争的市场环境。

4）审核工程发包条件与承包方的资质等，监督检查建筑市场管理法规和工程建设标准（规范、规程）的执行情况。

5）依法查处违法行为，维护建筑市场秩序。

2. 建筑市场客体

建筑市场的客体一般称作建筑产品，是建筑市场的交易对象，既包括有形建筑产品，也包括无形产品。

建筑产品及其生产过程，具有不同于其他工业产品的特点。在不同的生产交易阶段，建筑产品表现为不同的形态，它可以是咨询公司提供的咨询报告、咨询意见或其他服务；勘察设计单位提供的设计方案、施工图、勘察报告；承包商生产的各类建（构）筑物等。

与一般产品不同，建筑产品具有自身的特点：

（1）建筑产品的固定性和施工的流动性

任何建筑产品都是在建设单位所选定的地点建造和使用的，所以建筑产品在空间上是固定的。在建筑施工中，工人、机具、材料等不仅要随着建筑地点的变更而流动，也随着建筑物施工部位的改变而在不同空间流动，这就要求施工人员和施工机械等随建筑物不断流动，从而带来施工的流动性。

（2）建筑产品的多样性

由于业主对建筑产品的用途、性能要求不同以及建设地点的差异，决定了多数建筑产品都需要单独进行设计、施工，不能批量生产，这构成了建筑产品的多样性。

（3）建筑产品的整体性和分部分项工程的相对独立性

随着经济的发展和技术的进步，施工生产的专业性越来越强。在建筑生产中，由各种施工企业分别承担工程的土建、安装、装饰、劳务分包，有利于施工技术和效率的提高。

（4）建筑生产的不可逆性

建筑产品一旦进入生产阶段，其产品不可能退换，也难以重新建造。否则双方都将承受巨大的损失。所以，建筑生产的最终产品质量是由各阶段成果的质量决定的。设计、施工必须按照规范和标准进行，才能保证生产出合格的建筑产品。

（5）建筑产品的社会性

绝大部分建筑产品都具有相当广泛的社会性，涉及公众的利益和生命财产的安全，即使是私人住宅，也会影响环境以及进入或靠近它的人员的生活和安全。政府作为公众利益的代表，加强对建筑产品的规划、设计、交易、建造的管理是非常必要的，工程建设的市场行为都应受到管理部门的监督和审查。

1.2 建筑市场的资质管理

建筑活动的专业性和技术性很强，而且建设工程投资大、周期长，一旦发生问题，将造成巨大的损失。为了确保建设工程的质量和安全，《中华人民共和国建筑法》（以下简称《建筑法》）对从事建设活动的单位和专业技术人员实现从业资格管理，即建筑市场的资质管理。

从事建筑活动的建筑施工企业、勘察单位、设计单位和工程监理单位，按照其拥有的注册资本、专业技术人员、技术装备和已完成的建筑工程业绩等资质条件，划分为不同的资质等级，经资质审查合格，取得相应等级的资质证书后，方可在其资质等级许可的范围内从事建筑活动。

从事建筑活动的专业技术人员，应当依法取得相应的执业资格证书，并在执业资格证书许可的范围内从事建筑活动。

1.2.1　从业企业资质管理

围绕工程建设活动的建筑市场主体主要有业主方、承包方、勘察设计单位和工程咨询机构。《建筑法》对从事建筑活动的施工企业、勘察单位、设计单位及工程咨询机构实行资质管理。

2022 年 3 月 1 日，为落实建设工程企业资质管理制度改革要求，住房和城乡建设部会同国务院有关部门起草了《建筑业企业资质标准（征求意见稿）》《工程勘察资质标准（征求意见稿）》《工程设计资质标准（征求意见稿）》《工程监理企业资质标准（征求意见稿）》。

1.2.2　专业人士资格管理

在建筑市场中，把获得执业资格并从事工程技术及管理工作的专业工程师称为专业人士。由于专业人士的工作水平对工程项目建设成败具有重要的影响，因此国家对专业人士的资格条件有很高的要求。从某种意义上说，政府对建筑市场的管理，一方面要靠完善的建筑法规，另一方面要依靠专业人士。

我国的专业人事制度逐步趋于完善。目前，建筑类专业人士的种类有建筑师、结构工程师、监理工程师、造价工程师、建造师等。由全国资格考试委员会负责组织专业人士考试。由建设行政主管部门负责专业人士注册。资格和注册条件为：大专以上的专业学历；参加全国统一考试，成绩合格；具有相关专业的实践经验。

1.2.3　造价工程师

注册造价工程师，是指通过土木建筑工程或者安装工程专业造价工程师职业资格考试取得造价工程师职业资格证书或者通过资格认定、资格互认，并注册后，从事工程造价活动的专业人员。注册造价工程师分为一级注册造价工程师和二级注册造价工程师。

1. 造价工程师的权利

造价工程师享有下列权利：

（1）使用造价工程师名称；

（2）依法独立执行业务；

（3）签署工程造价文件、加盖执业专用章；

（4）申请设立工程造价咨询单位；

（5）对违反国家法律、法规的不正当计价行为，有权向有关部门举报。

2. 造价工程师

2. 造价工程师的义务

造价工程师履行下列义务：

（1）遵守法律、法规，恪守职业道德；

（2）接受继续教育，提高业务技术水平；

（3）在执业中保守技术和经济秘密；

（4）不得允许他人以本人名义执业；

（5）按照有关规定提供工程造价资料。

3. 造价工程师的注册管理

国务院住房和城乡建设主管部门（以下简称"建设主管部门"）对全国注册造价工程师的注册、执业活动实施统一监督管理，负责实施全国一级注册造价工程师的注册，并负责建立全国统一的注册造价工程师注册信息管理平台；国务院有关专业部门按照国务院规定的职责分工，对本行业注册造价工程师的执业活动实施监督管理。

省、自治区、直辖市人民政府建设主管部门对本行政区域内注册造价工程师的执业活动实施监督管理，并实施本行政区域二级注册造价工程师的注册。

符合注册条件的人员申请注册的，可以向聘用单位工商注册所在地的省、自治区、直辖市人民政府建设主管部门或者国务院有关专业部门提交申请材料。

申请一级注册造价工程师初始注册，省、自治区、直辖市人民政府建设主管部门或者国务院有关专业部门收到申请材料后，应当在5日内将申请材料报国务院建设主管部门。国务院建设主管部门在收到申请材料后，应当依法作出是否受理的决定，并出具凭证；申请材料不齐全或者不符合法定形式的，应当在5日内一次性告知申请人需要补正的全部内容。逾期不告知的，自收到申请材料之日起即为受理。国务院建设主管部门应当自受理之日起20日内作出决定。

申请二级注册造价工程师初始注册，省、自治区、直辖市人民政府建设主管部门收到申请材料后，应当依法作出是否受理的决定，并出具凭证；申请材料不齐全或者不符合法定形式的，应当在5日内一次性告知申请人需要补正的全部内容。逾期不告知的，自收到申请材料之日起即为受理。省、自治区、直辖市人民政府建设主管部门应当自受理之日起20日内作出决定。

申请一级注册造价工程师变更注册、延续注册。省、自治区、直辖市人民政府建设主管部门或者国务院有关专业部门收到申请材料后，应当在5日内将申请材料报国务院建设主管部门，国务院建设主管部门应当自受理之日起10日内作出决定。

申请二级注册造价工程师变更注册、延续注册。省、自治区、直辖市人民政府建设主管部门收到申请材料后，应当自受理之日起10日内作出决定。

注册造价工程师的初始、变更、延续注册。通过全国统一的注册造价工程师注册信息管理平台实行网上申报、受理和审批。

取得职业资格证书的人员，可自职业资格证书签发之日起1年内申请初始注册。逾期未申请者，须符合继续教育的要求后方可申请初始注册，初始注册的有效期为4年。

申请初始注册的，应当提交下列材料：

（1）初始注册申请表；

（2）职业资格证书和身份证件；

（3）与聘用单位签订的劳动合同；

（4）取得职业资格证书的人员，自职业资格证书签发之日起1年后申请初始注册的，应当提供当年的继续教育合格证明；

（5）外国人应当提供外国人就业许可证书。

一级注册造价工程师执业范围包括建设项目全过程的工程造价管理与工程造价咨询等，具体工作内容：

（1）项目建议书、可行性研究投资估算与审核，项目评价造价分析；

（2）建设工程设计概算、施工预算编制和审核；

（3）建设工程招标投标文件工程量和造价的编制与审核；

（4）建设工程合同价款、结算价款、竣工决算价款的编制与管理；

（5）建设工程审计、仲裁、诉讼、保险中的造价鉴定，工程造价纠纷调解；

（6）建设工程计价依据、造价指标的编制与管理；

（7）与工程造价管理有关的其他事项。

二级注册造价工程师协助一级注册造价工程师开展相关工作，并可以独立开展以下工作：

（1）建设工程工料分析、计划、组织与成本管理，施工图预算、设计概算编制；

（2）建设工程量清单、最高投标限价、投标报价编制；

（3）建设工程合同价款、结算价款和竣工决算价款的编制。

1.3　建设工程交易中心

建设市场交易是业主给付建设费，承包商交付工程的过程。而建设工程交易中心是使建筑市场有形化的最有效的管理方式。

为了深化工程建设管理体制改革，探索适应社会主义市场经济体制的工程建设管理方式，要求有一定建设规模，并具备相应条件的中心城市逐步建立建设工程交易中心，以强化对工程建设的集中统一管理，规范市场主体行为，建立公开、公平、公正的市场竞争环境，促进工程建设水平的提高和建筑业的健康发展。

3. 建设工程
交易中心

1.3.1　建设工程交易中心的性质

建设工程交易中心是服务性机构，既不是政府管理部门，也不是政府授权的监督机构，本身不具备监督管理职能。但建设工程交易中心又不是一般意义上的服务机构，它的设立需要得到政府或政府授权主管部门的批准，它不以营利为目的，旨在为建立公开、公正、平等竞争的招标投标制度服务，只可经批准收取一定的服务费，工程交易行为不能在场外发生。

1.3.2　建设工程交易中心的作用

在我国所有建设项目都要在建设工程交易中心内报建、发布招标信息、合同授予、申领施工许可证。招标投标活动都需在场内进行，并接受政府有关管理部门的监督。建设工程交易中心的设立，对国有投资的监督制约机制的建立、规范建设工程发承包行为、将建

7

筑市场纳入法治化管理轨道有着重要的作用。

建立建设工程交易中心，实行集中办公、公开办事的一条龙"窗口"服务，有力地促进了工程招标投标制度的推行，遏制了违法违规行为，对于防止腐败、提高透明度起到了显著的效果。

1.3.3　建设工程交易中心的基本功能

1. 信息服务功能

信息服务功能主要包括收集、存储和发布各类工程信息、法律法规、造价信息、建材价格、承包商信息、咨询单位和专业人士信息等。建设工程交易中心一般要定期公布工程造价指数和建筑材料价格、人工费、机械租赁费、工程咨询费及各类工程指导价等，指导业主和承包商、咨询单位进行投资和投标报价。但市场经济条件下的价格指数只是一个参考。

2. 场所服务功能

我国明确规定，对于政府部门、国有企业、事业单位的投资项目，一般情况下都必须公开招标，特殊情况允许采用邀请招标。建设项目进行招标投标必须在有形建筑工程市场内进行，由招标投标管理部门进行监督。按照这个要求，工程建设交易中心必须为工程承、发包交易双方进行的建设工程招标、投标、评标、定标、合同谈判等提供设施和场所服务。建设工程交易中心应具备信息发布大厅、洽谈室、开标室、会议室及相关设施，满足业主和承包商、分包商、设备材料供应商之间的交易需要。同时，要为政府有关管理部门集中办公，办理有关手续和依法监督招标投标活动提供场所服务。

3. 集中办公功能

为方便众多建设项目进入有形建筑市场进行报建、招标投标交易和办理有关批准手续，要求建设行政主管部门的各职能机构进驻工程交易中心集中办理有关审批手续及管理。受理申报的内容一般包括：工程报建、招标登记、承包商资质审查、合同登记、质量报监、施工许可证发放等。此外还有工商、税务、人防、绿化、环卫等管理部门进驻中心，实现"窗口化"服务，既能按照各自的职责依法对建设工程交易活动实施有力监督，也方便当事人办事，有利于提高办公效率。

1.3.4　建设工程交易中心的工作原则

为了保证建设工程交易中心正常运行，充分发挥其功能，必须坚持以下原则。

1. 信息公开原则

建设工程交易中心必须充分掌握政策法规，招标投标单位和咨询单位的资质、造价指数、招标规则、评标标准等各项信息，保证市场各方主体都能及时获得所需要的信息资料。

2. 依法管理原则

建设工程交易中心应严格按照法律法规开展工作，尊重建设单位依照法律规定选择投标单位和选定中标单位的权利。尊重符合资质条件的建筑企业提出的投标要求和接受邀请参加投标的权利。任何单位和个人不得非法干预交易活动的正常进行。

3. 公平竞争原则

建立公平竞争的市场秩序是建设工程交易中心的一项重要原则。应严格监督招标投标单位的市场行为，防止垄断和不正当竞争，严格审查标底，监督评标和定标过程，防止不合理的压价和垫资承包工程，充分利用竞争机制和价格机制保证竞争的公平、有序。不侵犯交易活动各方的合法权益。

4. 闭合管理原则

工程项目立项后，建设单位应按规定在交易中心办理工程报建和各项登记、审批手续接受相关的审查。招标发包的工程应在交易中心发布信息。未按规定办理前一道审批、登记手续，后续管理部门不得给予办理手续，保证管理的程序化和制度化。

5. 办事公正原则

建设工程交易中心是政府建设行政主管部门批准建立的服务性机构，要转变工作作风，配合进驻的各部门做好相应的工程交易活动管理和服务工作；建立监督制约机制，公开办事原则和程序，制定完善的规章制度，提高工作质量和效率，为交易双方提供方便。

1.3.5　建设工程交易中心的运行程序

建设项目进入建设工程交易中心后，一般经过工程报建、确定招标方式、履行招标投标程序、签订合同等程序。

1. 工程报建

工程报建，是指建设单位在工程项目通过建设立项、可行性研究、项目评估、选址定点等筹备工作结束后，向建设行政主管部门报告工程前期筹备工作结束，申请转入工程建设的实施阶段。建设行政主管部门依法对建筑工程是否具备发包条件进行审查，对符合条件的，准许该工程进行发包的一项制度。

（1）建筑工程报建的范围和时间

凡在我国境内投资兴建的项目都必须实行报建制度。在工程建设项目的可行性研究报告或其他立项文件批准后，建设单位根据《工程建设项目报建管理办法》办理报建备案手续。

（2）报建的内容和程序

报建的内容基本包括工程名称、建设地点、投资规模、资金来源、当年投资额、工程规模、开工竣工日期、发包方式、工程筹建情况；建筑工程报建程序主要有领取"工程建设项目报建表"、填报、招标准备、核发"工程发包许可证"。

在建设过程中，工程建设的投资和建设规模发生变化时，建设单位或项目法人应及时到原接受报建的建设行政主管部门或其授权机构进行补充登记。

2. 确定招标方式

完成报建登记后，招标人填写"建设工程招标申请表"，招标管理机构依据《中华人民共和国招标投标法》（以下简称《招标投标法》）和有关规定确定招标方式。

3. 履行招标

招标人依据《招标投标法》的有关规定，履行建设项目的勘察、设计、施工、监理及与工程建设有关的主要设备、材料等的招标投标程序。

4. 签订合同

自发出中标通知书 30 天内，发包单位与承包单位签订承包合同。

1.3.6　建筑工程施工许可制度

建筑许可制度，是指由国家授权有关建设行政主管部门，在建筑工程施工前，依建设单位申请，对该项工程是否符合法定的开工条件进行审查，对符合条件的工程发给"建筑工程施工许可证"（以下简称施工许可证），允许建设单位开工建设的制度。建筑许可制度体现了国家对建筑活动进行从严和事前控制的管理，以规范建筑市场、保证建筑工程质量和安全生产。

4. 建筑工程施工许可制度

1. 施工许可证的申领时间与范围

建筑工程开工前，建设单位应当按照国家有关规定向工程所在地县级以上人民政府建设行政主管部门申请领取施工许可证；但是，国务院建设行政主管部门确定的限额以下的小型工程除外。

开工日期指建设项目或单项工程设计文件中规定的永久性工程计划开始施工的时间，以永久性工程正式破土开槽开始施工的时间为准。

除国务院建设行政主管部门确定的限额以下的小型工程，其余所有在我国境内的建筑工程均应领取施工许可证。

按照国务院规定的权限和程序批准开工报告的建筑工程，不再领取施工许可证。

2. 申请领取施工许可证条件

（1）已经办理该建筑工程用地批准手续；

（2）在城市规划区的建筑工程，已经取得规划许可证；

（3）需要拆迁的，其拆迁进度符合施工要求；

（4）已经确定建筑施工企业；

（5）有满足施工需要的施工图纸及技术资料；

（6）有保证工程质量和安全的具体措施；

（7）建设资金已经落实；

注：建设工期不足一年的，到位资金原则上不得少于工程合同价的50%，建设工期超过一年的，到位资金原则上不得少于工程合同价的30%。

（8）法律、行政法规规定的其他条件。

建设行政主管部门应当自收到申请之日起15天内，对符合条件的申请颁发施工许可证。

3. 施工许可证的时间效力

施工许可证只在一定期限内有效。

（1）施工许可证的有效期限为三个月。建设单位在领取施工许可证之日起三个月内应当开工。这里的"开工"不应包括为建筑工程开工而做的前期准备工作，如勘察设计、平整场地、前期拆迁、修建的临时建筑和道路以及水、电等工程。

（2）施工许可证可以申请延期。建设单位因故不能按期开工的，应当向发证机关申请延期，原发证机关经过审查，决定该建筑工程是否可以延期开工。但是，这种延期最多只能延期两次，每次不能超过三个月。

（3）施工许可证的废止。建设单位的施工许可证因以下两种情形自行废止：

　　1）在施工许可证的有效期内没有开工，建设单位又没有向原发证机关申请延期；

　　2）建设单位在申请了两次延期后仍没有开工。

　　在建的建筑工程因故中止施工的，建设单位应当自中止施工之日起一个月内，向发证机关报告，并按照规定做好建筑工程的维护管理工作。

　　建筑工程恢复施工时，应当向发证机关报告；中止施工满一年的工程恢复施工前，建设单位应当报发证机关核验施工许可证。

　　4. 未取得施工许可证擅自开工的后果

　　《建筑法》第六十四条规定，违反本法规定，未取得施工许可证或者开工报告未经批准擅自施工的，责令改正，对不符合开工条件的责令停止施工，可以处以罚款。

　　建筑工程未经许可擅自施工的，实际中有两种情况：一是该项工程已经具备了《建筑法》规定开工条件，但未依照法律的规定履行开工审批手续；二是工程既不具备法律规定的开工条件，又不履行开工审批手续。应根据不同情况分别作出相应的处理。

　　凡是违反法律规定，未取得施工许可证或开工报告未经批准擅自施工的，有关行政主管部门都应依照规定责令其改正，即要求建设单位立即补办取得施工许可证或开工报告的有关批准手续。

　　其次，在要求其依法补办施工许可或开工报告审批手续的同时，根据该工程项目在违法开工时是否具有法定开工条件，作出不同的处理：对经审查，确实符合法定开工条件的，在补办手续后准予其继续施工；对不符合开工条件的，则应责令建设单位停止施工，并可以处以罚款。

　　法律对期限作出明文规定，是为了促进建设行政主管部门及时对施工许可证申请的审查，防止在颁发施工许可证工作中的办事拖拉、效率低下的现象，更好地保护当事人的合法权益。

1.4　课内实践

1.4.1　实践目的

1. 了解有形建筑市场的功能和工作流程。
2. 培养学生动手查阅资料能力。

1.4.2　实践内容

　　进入当地建设工程交易中心网站，学会查阅各类信息，比如招标公告、招标文件、招标答疑文件、中标公示等。

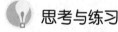 **思考与练习**

一、单项选择题

1. 按照《建筑法》规定，建筑施工许可证的申请者是（　　）。

A. 建设单位　　　　B. 施工单位　　　　C. 设计单位　　　　D. 咨询单位

2. 某建设单位于 2023 年 2 月 1 日领取施工许可证，由于某种原因工程未能按期开工，该建设单位按照《建筑法》规定向发证机关申请延期，该工程最迟应当在（　　）开工。

A. 2023 年 3 月 1 日　　　　　　　　B. 2023 年 5 月 1 日

C. 2023 年 8 月 1 日　　　　　　　　D. 2023 年 11 月 1 日

3. 下列关于企业资质申请的描述正确的是（　　）。

A. 建筑业企业可以申请一项或多项资质

B. 申请多项资质的，应选择等级最低的一项资质为企业主项资质

C. 企业首次申请和增项申请资质，应当申请最高等级资质

D. 建筑业企业只能有一项资质

4. 建筑业企业资质证书有效期为（　　）。

A. 3 个月　　　　　　B. 3 年　　　　　　C. 5 年　　　　　　D. 10 年

5. 关于禁止无资质或超资质承揽工程的说法，正确的是（　　）。

A. 施工总承包单位可以将房屋建筑工程的钢结构工程分包给其他单位

B. 总承包单位可以将建设工程分包给包工头

C. 联合体承包中，可以以高资质等级的承包方为联合体承包方的业务许可范围

D. 劳务分包单位可以将其承包的劳务再分包

二、多项选择题

1. 根据《建筑施工许可管理办法》，对于未取得施工许可证或者为规避办理施工许可证将工程项目分解后擅自施工的，可以实施的行政处罚包括（　　）。

A. 责令改正　　　　B. 停止施工　　　　C. 罚款　　　　　　D. 吊销营业执照

E. 暂扣营业执照

2. 建设单位申请领取施工许可证的，（　　）应当与依法签订的施工承包合同一致。

A. 工程名称　　　　B. 地点　　　　　　C. 规模　　　　　　D. 资质

E. 资金

3.《建筑法》关于申请领取施工许可证的条件，不包括（　　）。

A. 已经办理该建筑工程用地批准手续

B. 有满足施工需要的施工图纸及技术资料

C. 满足施工需要的办公用具

D. 已经确定建筑施工企业

E. 施工企业无重大纠纷

4. 申请领取建筑工程施工许可证应具备的条件有（　　）。

A. 有满足施工需要的资金安排

B. 按照规定应当委托监理的工程已委托监理

C. 按照规定应当招标的工程虽没有招标，但已确定施工企业

D. 有保证工程质量和安全的具体措施

E. 需要拆迁的，其拆迁进度符合施工要求

三、简答题

1. 什么是建筑市场？建筑市场的主体、客体有哪些？

2. 简述建设工程交易中心的功能和运作程序。

模块 2

Chapter 02

建设工程招标

知识目标

掌握招标的概念、分类及特点；熟悉强制招标范围与招标方式；了解招标的工作程序及各阶段的工作要点；通过招标文件的解读，明确招标文件的组成及编制时应注意的细节。

能力目标

能填写招标申请表、招标公告；编制资格预审文件；结合软件编制招标文件。

素质目标

加强守法、诚实守信和对企业的忠诚度的教育；培养学生认真细致的工作作风。

2.1 建设工程招标的基础知识

为了规范招标投标活动，保护国家利益、社会公共利益和招标投标活动当事人的合法权益，提高经济效益，保证项目质量，1999 年，我国颁布了《中华人民共和国招标投标法》。2017 年，第十二届全国人民代表大会常务委员会第三十一次会议通过《关于修改〈中华人民共和国招标投标法〉〈中华人民共和国计量法〉的决定》。

5. 工程招标投标
的发展概况

2.1.1 建设工程招标的概念

招标投标是招标人对工程建设、货物买卖、劳务承担等交易业务，事先公布选择采购的条件和要求，招引他人承接，投标人作出愿意参加业务承接竞争的意思表示，招标人按照规定的程序和办法择优选定中标人的活动。

建设工程招标是指建设单位（或业主）就拟建的工程发布通告，用法定方式吸引建设项目的承包单位参加竞争，通过法定程序从中选择条件优越者来完成工程建设任务的法律行为。建设工程投标则是经过审查而获得投标资格的建设项目承包单位，按照招标文件的要求，在规定的时间内向招标单位填报投标书，并争取中标的法律行为。

2.1.2 招标投标活动应遵循的基本原则

招标投标活动应当遵循公开、公平、公正和诚实信用的原则。

1. 公开原则

招标投标活动的公开原则，首先要求进行招标活动的信息要公开。

采用公开招标方式，应当发布招标公告，依法必须进行招标的项目的招标公告，必须通过国家指定的报刊、信息网络或者其他公共媒介发布。无论是招标公告、资格预审公告，还是投标邀请书，都应当载明能大体满足潜在投标人决定是否参加投标竞争所需要的信息。另外开标的程序、评标的标准和程序、中标的结果等都应当公开。

2. 公平原则

招标投标活动的公平原则，要求招标人严格按照规定的条件和程序办事，平等地对待每一个投标竞争者，不得对不同的投标竞争者采用不同的标准。招标人不得以任何方式限制或者排斥本地区、本系统以外的法人或者其他组织参加投标。在招标投标活动中招标人行为应当公正，对所有的投标竞争者都应平等对待，不能有特殊。特别是在评标时，评标标准应当明确、严格，对所有在投标截止日期以后送到的投标书都应拒收，与投标人有利害关系的人员都不得作为评标委员会的成员。招标人和投标人双方在招标投标活动中的地位平等，任何一方不得向另一方提出不合理的要求，不得将自己的意志强加给对方。

3. 公正原则

建设工程招标投标活动中，按照同一标准实事求是地对待所有投标者，不偏袒任何一方。

4. 诚实信用原则

诚实信用是民事活动的一项基本原则，招标投标活动是以订立采购合同为目的的民事活动，当然也适用这一原则。诚实信用原则要求招标投标各方都要诚实守信，不得有欺骗、背信的行为。

2.1.3　建设工程项目招标的范围

根据《招标投标法》第三条的规定，在中华人民共和国境内进行下列工程建设项目包括项目的勘察、设计、施工、监理以及与工程建设有关的重要设备、材料等的采购，必须进行招标：

6. 强制招标范围和规模标准

1. 大型基础设施、公用事业等关系社会公共利益、公众安全的项目；

2. 全部或者部分使用国有资金投资或者国家融资的项目；

3. 使用国际组织或者外国政府贷款、援助资金的项目。前款所列项目的具体范围和规模标准，由国务院发展计划部门会同国务院有关部门制订，报国务院批准。

法律或者国务院对必须进行招标的其他项目的范围有规定的，依照其规定。

2.1.4　必须招标工程项目

根据《必须招标的工程项目规定》第五条，本规定第二条至第四条规定范围内的项目，包括项目的勘察、设计、施工、监理以及与工程建设有关的重要设备、材料等的采购，达到下列标准之一的，必须进行招标：

1. 施工单项合同估算价在 400 万元人民币以上的。

2. 重要设备、材料等货物的采购，单项合同估算价在 200 万元人民币以上的。

3. 勘察、设计、监理等服务的采购，单项合同估算价在 100 万元人民币以上的。同一项目中可以合并进行的勘察、设计、施工、监理以及与工程建设有关的重要设备、材料等的采购，合同估算价合计达到前款规定标准的，必须招标。

【例 2-1】根据《必须招标的工程项目规定》，必须招标范围内的各类工程建设项目，达到下列标准之一必须进行招标的有（　　　）。

　　A. 重要设备采购的单项合同估算价为人民币 200 万元

　　B. 材料采购的单项合同估算值为人民币 100 万元

　　C. 施工单项合同估算价为人民币 400 万元

　　D. 项目总投资额为人民币 3500 万元

　　E. 监理服务采购的单项合同估算价为人民币 100 万元

『正确答案』ACE

『答案解析』本题考查必须招标项目的规模标准。选项 B，材料合同单项估算价应在 200 万元以上；选项 D，《必须招标的工程项目规定》中已取消对项目总投资的要求。

2.1.5　建设工程招标的方式

招标分为公开招标和邀请招标两种方式，其中以公开招标为主要方式。

1. 公开招标

公开招标，也称无限竞争招标，是指招标人以招标公告的方式邀请

7. 招标方式

15

不特定的法人或者其他组织投标。采用公开招标方式，可以为所有符合投标条件的潜在投标人提供一个平等参与和充分竞争的机会，这样有利于招标人选择最优的中标人。国有资金占控股或者主导地位的依法必须进行招标的项目，应当公开招标。

根据《招标投标法》第十六条规定，招标人采用公开招标方式的，应当发布招标公告。依法必须进行招标的项目的招标公告，应当通过国家指定的报刊、信息网络或者其他媒介发布。招标公告应当载明招标人的名称和地址、招标项目的性质、数量、实施地点和时间以及获取招标文件的办法等事项。

公开招标的优点：为潜在的投标人提供均等的机会，能最大限度引起竞争，选择报价合理、工期较短、信誉良好的承包商。

公开招标的缺点：招标工作量大、周期长、花费人力多、招标成本大。

2. 邀请招标

邀请招标，也称有限竞争招标，是指招标人以投标邀请书的方式邀请特定的法人或其他组织投标。采用这种招标方式，由于被邀请参加竞争的潜在投标人数量有限，而且事先已经对投标人进行了调查了解，因此不仅可以节省招标人的招标成本，而且能提高投标人的中标概率，因此潜在投标人的投标积极性会较高。当然，由于邀请招标的对象被限定在特定范围内，可能使其他优秀的潜在投标人被排斥在外。

根据《中华人民共和国招标投标法实施条例》（以下简称《实施条例》）第八条规定，国有资金占控股或者主导地位的依法必须进行招标的项目，应当公开招标；但有下列情形之一的，可以邀请招标：

1）技术复杂、有特殊要求或者受自然环境限制，只有少量潜在投标人可供选择。

除了项目技术复杂、有特殊要求，或者受自然环境限制外，还应当同时满足只有少量潜在投标人可供选择这一条件。考虑到上述特殊情况下，即使采用公开招标方式，投标人也是已知且有限的，直接邀请符合条件的潜在投标人投标，不仅有利于提高采购效率、节约采购成本，而且可以在一定程度上避免因投标人不足三个而导致招标失败。需要说明的是，项目技术虽然复杂、特殊要求，或者虽然受自然环境限制，如果有足够多的潜在投标人，对于应当公开招标的项目而言，仍不能邀请招标。另外，项目技术复杂、有特殊要求或者受自然环境限制这三个要件均应当是客观的，特别是项目的特殊要求，要从采购项目的功能、定位等实际需要出发，实事求是的提出。

2）采用公开招标方式的费用占项目合同金额的比例过大。

招标采购本质上是一种经济活动，应当遵循经济规律。不管是世界银行《货物、工程和非咨询服务采购指南》，还是联合国贸易法委员会《货物、工程和服务采购示范法》，均将物有所值（Value for Money）作为采购活动的基本原则或者价值目标之一。当招标成本等于甚至大于招标收益时，招标活动就失去了意义。当然，物有所值原则不仅仅要求选择适当的采购方式，还体现在合理确定强制招标范围和规模标准等活动中。需要说明的是，该项规定根据《中华人民共和国政府采购法》第二十九条，使用了"费用"而非"成本"这一概念。这一点，与联合国贸易法委员会《货物、工程和服务采购示范法》同时考虑"时间"和"费用"有所不同。由于实践中不同招标项目差别较大，本条没有规定公开招标费用占项目合同金额的具体比例。对于应当审核招标内容的项目，由项目审批、核准部门在审批、核准项目时认定公开招标费用占项目合同金额的比例是否过大，其他应当公开招标的项目由招标人申请有关行政监督部门作出认定。

3. 公开招标和邀请招标的主要区别

（1）招标信息发布的方式不同。公开招标采用公告的形式发布，邀请招标采用投标邀请书的形式发布。

（2）对投标人的资格审查时间不同。

（3）适用的条件不同。公开招标因使用招标公告的形式，针对的是一切潜在的对招标项目感兴趣的法人或其他组织，招标人事先不知道投标人的数量；邀请招标针对已经了解的法人或其他组织，而且事先已经知道投标人的数量。

（4）招标时间、费用不同。由于邀请招标不发公告，招标文件只送几家，使整个招标投标的时间大大缩短，招标费用也相应减少。公开招标从发布公告、投标人作出反应、评标至签订合同，有许多时间上的要求，要准备许多文件，因而耗时较长，费用也相对较高。

（5）竞争程度、范围和效果不同。由于公开招标对符合条件的法人或其他组织都有机会参加投标，竞争的范围较广，竞争性体现得也比较充分，招标人拥有绝对的选择余地，容易获得最佳招标效果；邀请招标中投标人的数目以及竞争范围有限，招标人拥有的选择余地相对较小，有可能提高中标的合同价，也有可能将某些在技术上或报价上更有竞争力的供应商或承包商遗漏。

（6）公开的程度不同。公开招标中，所有的活动都必须严格按照预先指定并为大家所知程序标准公开进行，大大减少作弊的可能；相比而言，邀请招标的公开程度逊色一些。

4. 可不进行招标的项目

根据《招标投标法》第六十六条规定，涉及国家安全、国家秘密、抢险救灾或者属于利用扶贫资金实行以工代赈、需要使用农民工等特殊情况，不适宜进行招标的项目，按照国家有关规定可以不进行招标。

根据《实施条例》第九条规定，除招标投标法第六十六条规定的可以不进行招标的特殊情况外，有下列情形之一的，可以不进行招标：

（1）需要采用不可替代的专利或者专有技术；

（2）采购人依法能够自行建设、生产或者提供；

（3）已通过招标方式选定的特许经营项目投资人依法能够自行建设、生产或者提供；

（4）需要向原中标人采购工程、货物或者服务，否则将影响施工或者功能配套要求；

（5）国家规定的其他特殊情形。

2.1.6　工程项目招标应当具备的条件

依法必须招标的工程建设项目，应当具备下列条件才能进行施工招标：

1. 招标人已经依法成立。

2. 初步设计及概算应当履行审批手续的，已经批准。

3. 招标范围、招标方式和招标组织形式等应当履行审批手续的，已经批准。

4. 有相应资金或资金来源已经落实。

5. 有招标所需的设计图纸及技术资料。

8. 工程项目
招标条件

2.1.7 招标组织形式

招标人具有编制招标文件和组织评标能力的，可以自行办理招标事宜。任何单位和个人不得强制其委托招标代理机构办理招标事宜。

依法必须进行招标的项目，招标人自行办理招标事宜的，应当向有关行政监督部门备案。

招标人无法自行办理招标事宜的，根据《招标投标法》第十二条规定，招标人有权自行选择招标代理机构，委托其办理招标事宜。任何单位和个人不得以任何方式为招标人指定招标代理机构。

1. 自行招标

根据《工程建设项目自行招标试行办法》第四条规定，招标人可自行办理招标事宜，但应当具有编制招标文件和组织评标能力的，具体包括：

1）具有项目法人资格（或者法人资格）；

2）具有与招标项目规模和复杂程度相适应的工程技术、概预算、财务和工程管理方面的专业技术力量；

3）有从事同类工程建设项目招标的经验；

4）设有专门的招标机构或者拥有 3 名以上专职招标业务人员；

5）熟悉和掌握招标投标法及有关法规规章。

招标人自行办理招标事宜的，应当在向项目审批部门上报可行性研究报告时申请核准，并报当地县级以上建设行政主管部门备案。

2. 委托招标

委托招标，就是招标人委托招标代理机构，在招标代理权限范围内，以招标人的名义组织招标工作。作为一种民事法律行为，委托招标属于委托代理的范畴。

其中，招标人为委托人，招标代理机构为受托人。这种委托代理关系的法律意义在于，招标代理机构的代理行为以双方约定的代理权限为限，招标人因此将对招标代理机构的代理行为及其法律后果承担民事责任。

委托招标是招标人根据项目需求、按照法定的自愿原则自愿选择的结果，法律对合法的委托招标予以保护。

招标人不具备自行招标能力的，应委托具备相应资质的招标代理机构代为办理招标事宜。

建设工程招标人不具备自行招标条件的，可以将建设工程招标事务委托给具有相应资格的招标代理机构。

招标代理机构是实行独立核算、自主经营、自负盈亏的社会中介组织。从事工程建设项目招标代理业务的招标代理人，资质由国务院或省、自治区、直辖市建设行政主管部门认定，代理资质分为甲、乙级。招标代理机构依法在建设行政主管部门取得相应的招标代理资质等级证书，在资质证书许可的范围内开展相应的招标代理业务。

（1）招标代理机构应具备的条件

1）有从事招标代理业务的营业场所和相应资金；

2）有能够编制招标文件和组织评标的相应专业力量；

3）有可以作为评标委员会成员人选的技术、经济等方面的专家库；

4）与国家机关不得有隶属关系及利害关系。

（2）委托招标基本工作程序和要求

1）确定招标代理机构，即招标人根据自愿原则，对业内招标代理机构的资格予以确认，在此基础上根据项目情况选择确定一家招标代理机构为受托人。

2）招标人与选定的招标代理机构按照自愿、平等、协商的原则，签订委托招标的代理协议，明确委托方和受托方各自的权利义务、工作对象和工作方法、职权范围、服务标准、违约责任以及其他需要确定的事项。

3）在招标代理机构按照委托代理协议组织招标的过程中，招标人可以依法在不影响受托人工作的前提下，对受托人的工作进行监督。如果发现存在违法或者违约的行为，招标人有权要求其立即予以更正或停止。如果该违法或违约行为对招标人产生了损害后果，招标人还有权要求招标代理机构予以赔偿。

4）招标代理机构应当与招标人签订书面委托代理合同，在委托范围内办理事宜，维护招标人的合法权益，对于提供的招标方案、招标文件、工程标底等资料的科学性、准确性负责，不得泄露可能影响公正、公平的有关信息。

5）招标代理机构不应同时接受同一招标工程的招标代理和投标咨询业务，招标代理机构与被代理工程的投标人不应有隶属关系或其他利害关系。

2.2　建设工程项目招标程序

建设工程招标程序，是指招标工作在时间和空间上应遵循的先后顺序。根据《招标投标法》和《工程建设项目施工招标投标办法》的规定，建设工程公开招标的程序如图2-1所示。邀请招标可参照公开招标程序进行。

2.2.1　准备阶段主要工作

1. 建设工程项目报建

建设项目批准立项后，建设单位或其代理机构必须持工程项目立项批准文件、银行出具的资信证明、建设用地的批准文件等资料，向当地建设行政主管部门或其授权机构进行报建。凡未报建的工程项目，不得

9. 招标程序

办理招标手续和发放施工许可证，设计、施工单位不得承接该项目的设计、施工任务。

（1）招标项目报建流程

1）建设单位，指派一名项目负责人到指定的报建单位领取"建设工程项目报建表"（表2-1），有些地点的报建单位是当地的建设行政主管部门，有些则是指定授权的机构。

2）根据记录的格式以及该工程项目部的实际情况进行填写，注意必须要确保计划的准确性。

3）将填好的报建表提交给建设单位主管审核，并在相应的地方签字盖章。

4）向报建部门提交报建表、立项审批通过的文件、项目规划许可证、允许用该土地的证明文件、建设单位允许投资的许可证文件以及资金证明文件。

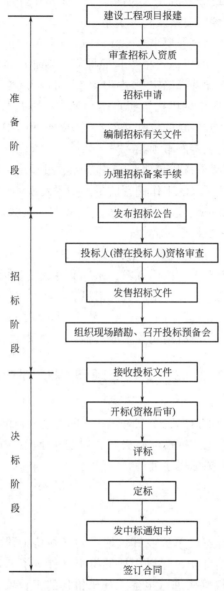

图 2-1　工程招标程序

5）报建部门会对建设单位提供的资料进行审核，审核通过则签署建设提案，并将报建表还给建设单位，报建的过程完成，建设单位可以开始进入施工图的审核环节。

（2）招标项目报建需提供的资料

1）建设工程报建（发包方式核准）及施工招标组织形式备案表（原件）1份；

2）建设工程立项批复（复印）1份；

3）规划许可证（复印）1份；

4）施工图设计文件审查合格书（复印）1份；

5）满足施工要求的资金证明（原件）1份。

建设工程项目报建表　　　　表 2-1

编号：　　　招第（　　）号

建设单位			
工程名称			
工程地点			
工程规模(结构、层数、面积)			
项目总投资	总投资：		当年投资：
资金来源			
批准文件名称			
批准立项机关		文号	
发包方式			
工程筹建情况：(城建手续、施工图、资金、现场情况)			
法定代表人： 经办人： 电话：	建设单位： 　　　　　　章 　　年　月　日		
报建管理机构审查意见： 　　　　　　　　　　　　　　　　　　　　　年　月　日			

2. 审查招标人资质

建筑工程招标人进行招标一般需抽调人员组建专门的招标工作机构。招标工作机构的人员一般应包括工程技术人员、工程管理人员、工程法律人员、工程预结算编制人员与工程财务人员等。对于招标人自行办理招标事宜的，必须满足一定的条件，并向其行政监督机关备案，行政监督机关对招标人是否具备自行招标的条件进行监督。对委托招标代理机构代理招标的，也应检查代理机构相应的代理资质。

3. 招标申请

招标申请书是各地建设综合管理部门规定的。各地招标申请书格式虽然不一，但内容大体相同。一般包括：项目名称、建设地点、项目批准机关及文号、投资额、单位负责人、代理人、建设前期准备工作情况、工程范围、工期要求、技术质量要求、招标方式和范围、招标日期等。招标申请书，由建设单位按规定格式认真填写，报请主管机关审批，是履行行政管理请示报告必不可少的程序。审批文件是整个招标活动的基本依据。

4. 编制招标有关文件

（1）招标文件

招标文件是招标人向潜在投标人提供的介绍工程项目情况和招标条件，供投标人知悉招标投标规则和编制投标文件的材料。

《招标投标法》第十九条规定，招标人应当根据招标项目的特点和需要编制招标文件。招标文件应当包括招标项目的技术要求、对投标人资格审查的标准、投标报价要求和评标标准等所有实质性要求和条件以及拟签订合同的主要条款。

国家对招标项目的技术、标准有规定的，招标人应当按照其规定在招标文件中提出相应要求。

招标项目需要划分标段、确定工期的，招标人应当合理划分标段、确定工期，并在招标文件中载明。

（2）招标控制价

招标人根据国家或省级、行业建设主管部门颁发的有关计价依据和办法以及拟定的招标文件和招标工程量清单，结合工程具体情况编制的招标工程的最高投标限价。国有资金投资的工程建设项目应实行工程量清单招标，并应编制招标控制价。

5. 办理招标备案手续

按照法律法规的规定，招标人将招标文件报建设行政主管部门备案，接受建设行政主管部门的监督。

《房屋建筑和市政基础设施工程施工招标投标管理办法》第十八条规定，依法必须进行施工招标的工程，招标人应当在招标文件发出的同时，将招标文件报工程所在地的县级以上地方人民政府建设行政主管部门备案。建设行政主管部门发现招标文件有违反法律、法规内容的，应当责令招标人改正。

6. 办理交易登记

招标人持报建登记表在工程交易中心办理交易登记。

2.2.2 招标阶段主要工作

1. 发布招标公告

建设工程施工采用公开招标方式的，招标人应当发布招标公告，邀请不特定的法人或者其他组织投标。依法必须进行施工招标项目的招标公告，应当在国家指定的报刊和信息网络上发布。

10. 招标公告的内容

采用邀请招标方式的，招标人应当向三家以上具备承担施工招标项目的能力、资信良好的特定的法人或者其他组织发出投标邀请书。

招标公告或者投标邀请书应当至少载明下列内容：

（1）招标人的名称和地址；

（2）招标项目的内容、规模、资金来源；

（3）招标项目的实施地点和工期；

（4）获取招标文件或者资格预审文件的地点和时间；

（5）对招标文件或者资格预审文件收取的费用；

（6）对招标人的资质等级的要求。

招标公告格式见例【2-2】。

【例 2-2】

招标公告

项目编号：_____号

1. 招标条件

本招标项目_____（项目名称）经_____（项目审批、核准或备案机关名称）批准建设，招标人为_____（建设单位），建设资金_____（资金来源），项目已具备招标条件，现对该项目的施工进行公开招标。

2. 项目概况与招标范围

_____（说明本招标项目的建设地点、规模、招标控制价、计划工期、招标范围等相关信息）

3. 投标人资格要求

1）本次招标要求投标人须具备_____资质，并在人员、设备、资金等方面具有相应的施工能力。

2）对拟派项目班子的要求：①项目经理应具有_____专业_____注册建造师资格，且持有安全生产任职资格 B 类证，为本单位职工（以本单位缴纳的最近连续三个月_____的养老保险缴费证明为准）；②安全员须持有安全生产任职资格 C 类证，不得少于 2 人；技术负责人须具有_____专业工程师及以上职称；安全员和技术负责人均为本单位职工；③项目经理目前在其他工程项目（含预中标工程）中无任职。

3）本次招标_____（接受或不接受）联合体投标。

4. 招标文件的获取

1）本次招标采用电子版招标文件，招标人不向投标单位提供纸质招标文件，_____起，投标人可从_____公共资源交易网网站上下载招标文件电子版，网址：_____（请点击本公告后的"招标文件""工程量清单""电子施工图""电子招标书"等字样链接下载）。

2）投标单位需要纸质招标文件或图纸的，请_____前与招标代理机构联系，如纸质招标文件与电子版招标文件不一致时，以_____公共资源交易网上发布的电子版招标文件为准。

3）招标文件（含工程量清单及电子辅助评标电子招标书）每套售价_____元（由招标人或招标代理机构在投标人递交投标文件时向投标人收取），售后不退。如需纸质图纸请与招标代理机构联系。

5. 投标确认

1）由投标人交易员通过_____的投标确认系统进行投标确认。

2）投标确认截止时间：_____。

3）投标人应进行投标确认后方可参加投标。

6. 投标文件的递交

本工程的投标文件采用网上提交电子投标文件，电子投标文件网上递交截止时间_____，开标地点为：_____。

7. 其他

1）本工程投标采用无纸化投标为主的方式进行投标；并采用电子评标辅助系统对商务标评审。

2）资格审查：本工程采用资格后审的方式确定合格投标人。

招标单位：＿＿＿＿＿＿＿＿＿＿

联系人及电话：＿＿＿＿＿＿

招标代理单位：＿＿＿＿＿＿

联系人及电话：＿＿＿＿＿＿

＿＿＿＿＿年＿＿月＿＿日

2. 投标人（潜在投标人）的资格审查

资格审查是指招标人对资格预审申请人或投标人的经营资格、专业资质、财务状况、技术能力、管理能力、业绩、信誉等方面评估审查，以判定其是否具有参与项目投标和履行合同的资格及能力的活动。

招标人可以根据招标项目本身的特点和需要，要求潜在投标人或者投标人提供满足其资格要求的文件，对潜在投标人或者投标人进行资格审查；国家对潜在投标人或者投标人的资格条件有规定的，依照其规定。

11. 资格审查概念及方式

资格审查分为资格预审和资格后审。资格预审，是指在投标前对潜在投标人进行的资格审查。资格后审，是指在开标后对投标人进行的资格审查。

进行资格预审的，一般不再进行资格后审，但招标文件另有规定的除外。

采取资格预审的，招标人应当发布资格预审公告。招标人应当在资格预审文件中载明资格预审的条件、标准和方法；采取资格后审的，招标人应当在招标文件中载明对投标人资格要求的条件、标准和方法。

招标人不得改变载明的资格条件或者以没有载明的资格条件对潜在投标人或者投标人进行资格审查。

经资格预审后，招标人应当向资格预审合格的潜在投标人发出资格预审合格通知书，告知获取招标文件的时间、地点和方法，并同时向资格预审不合格的潜在投标人告知资格预审结果。资格预审不合格的潜在投标人不得参加投标。

经资格后审不合格的投标人的投标应予否决。

资格审查应主要审查潜在投标人或者投标人是否符合下列条件：

（1）具有独立订立合同的权利；

（2）具有履行合同的能力，包括专业、技术资格和能力，资金、设备和其他物质设施状况，管理能力，经验、信誉和相应的从业人员；

（3）企业信誉方面，没有处于被责令停业，投标资格被取消，财产被接管、冻结，破产状态；参与或涉及仲裁、诉讼案件的情况。

资格审查时，招标人不得以不合理的条件限制、排斥潜在投标人或者投标人，不得对潜在投标人或者投标人实行歧视待遇。任何单位和个人不得以行政手段或者其他不合理方式限制投标人的数量。

3. 发售招标文件

招标人或招标代理机构向潜在投标人发放招标文件，可以向投标人收取一定的费用，但仅限于补偿招标文件印刷、邮寄成本。如果招标文件售价过高，则有可能影响投标人参加投标的积极性，削弱投标竞争。为使投标竞争更加充分，招标人应当保证合理的发售时间，使潜在投标人有时间获取招标文件。根据相关法律法规，招标文件发售时间最短不得少于 5 个工作日；政府采购项目和机电产品国际招标项目的招标文件发售时间最短不得少于 5 个工作日。应当注意，当招标文件发售期满时，如果领购招标文件的潜在投标人不足 3 个时，招标人应当分析实际原因，研究是否需要延长招标文件发售期和投标截止时间，或者修改招标文件的投标人资格条件。

4. 组织现场踏勘

招标人根据招标项目的具体情况，可以组织潜在投标人踏勘项目现场。踏勘现场，是指招标人组织投标人对项目的实施现场的经济、地理、地质、气候等客观条件和环境进行的现场调查。招标人在发出招标通告或者投标邀请书以后，可以根据招标项目的实际需要，通知并组织潜在投标人到项目现场进行实地踏勘。

潜在投标人可根据是否决定投标或者编制投标文件的需求，到现场调查，进一步了解招标者的意图和现场周围环境情况，以获取有用信息并据此作出是否投标或投标策略以及投标价格决定。投标人如果在现场勘查中有疑问，应当在投标预备会前以书面形式向招标人提出，但应给招标人留有时间解答。

通过对工程现场的仔细踏勘，可以对工程周边道路交通、用水、用电、运输、场地等施工条件进行充分了解，也能对工程周边地方材料、人工成本等进行了解，更能对招标人提供的图纸是否与工程现场情况相一致进行核实，若发现不符，可及时向招标人要求澄清答疑，这对施工企业编制投标文件、确定投标价格起着重大作用。

招标人不得单独或者分别组织任何一个投标人进行现场踏勘。

5. 召开投标预备会

投标预备会，也称之为答疑会，是指招标人组织的澄清或回答招标文件中的问题或现场踏勘的会议，以便投标人更好地编制招标文件。投标准备会议一般安排在招标文件发出后 7～28 天内召开。参加会议的人员包括投标人、代理人、招标文件编制单位人员、招标投标管理机构人员等，会议由招标人主持。

招标预备会议的目的是澄清招标文件中的问题，回答投标人在招标文件和现场踏勘提出的问题。

招标预备会议由招标单位在招标管理机构的监督下组织和主持。预备会上介绍或说明招标文件和现场情况，回答招标单位提出的问题，包括书面和口头询问。

招标预备会结束后，招标单位将整理会议纪要和答疑内容，报招标管理机构审批，并将答疑以书面形式尽快发送给所有已取得招标文件的招标单位。

所有参加投标预备会的投标人应签到并登记，以证明其参加了投标预备会议。

6. 接收投标文件

（1）直接接收

传统纸质招标方式，投标人采用直接送达方式提交纸质投标文件。招标人应安排专人在招标文件指定地点接收投标文件（包括投标保证金），并详细记录投标文件送达人（如果是授权委托人，要有授权委托书，企业法人授权委托书）、送达时间、份数（按照招标文件份数）、包装密封（包装要完好，盖章，按签章要求盖法人章、公章，一般由投标人检查、公证处的人员检查）、标识等检查情况，经投标人确认后，向其出具接收投标文件和投标保证金凭证。

（2）在线接收

电子招标投标活动中，投标人在电子招标投标交易平台在线提交投标文件。招标人通过交易平台收到电子投标文件后，应当及时向投标人发出确认回执通知，并妥善保存投标文件。

在投标截止时间前，投标人书面通知招标人撤回其投标，招标人应该核实撤回投标书面通知的真实性。招标人应在接到撤回投标的书面通知及投标人身份证明核实后，将投标文件退回该投标人。

2.2.3 决标阶段主要工作

1. 开标

开标是招标过程中的重要环节。开标应当按招标文件规定的时间、地点和程序，以公开方式进行。开标时间与投标截止时间应为同一时间。唱标内容应完整、明确。唱标及记录人员不得将投标内容遗漏，不唱或不记。

开标既然是公开进行的，就应当有一定的相关人员参加，这样才能做到公开性，让投标人的投标为各投标人及有关方面所共知。一般情况下，开标由招标人主持；在招标人委托招标代理机构代理招标时，开标也可由该代理机构主持。主持人按照规定的程序负责开标的全过程。其他开标工作人员办理开标作业及制作记录等事项。邀请所有的投标人或其代表出席开标，可以使投标人得以了解开标是否依法进行，有助于使他们相信招标人不会任意作出不适当的决定；同时，也可以使投标人了解其他投标人的投标情况，做到知己知彼，大体衡量一下自己的中标的可能性，这对招标人的中标决定也将起到一定的监督作用。此外，为了保证开标的公正性，一般还邀请相关单位的代表参加，如招标项目主管部门的人员，监察部门代表等。有些招标项目，招标人还可以委托公证部门的公证人员对整个开标过程依法进行公证。

开标时间应与提交投标文件的截止时间相一致。开标应当公开进行，所谓公开进行，就是开标活动都应当向所有提交投标文件的投标人公开。应当使所有提交投标文件的投标人到场参加开标。通过公开开标，投标人可以发现竞争对手的优势和劣势，可以判断自己中标的可能性大小，以决定下一步应采取什么行动。法律这样规定，是为了保护投标人的合法权益。只有公开开标，才能体现和维护公开透明、公平公正的原则。

2. 评标

招标人组建的评标委员会应按照招标文件中规定的评标标准和方法进行评标工作，对招标人负责，从投标竞争者中评选出最符合招标文件各项要求的投标者，最大限度地实现招标人的利益。评标委员会成员人数须为 5 人以上单数。

3. 定标、发中标通知书

在招标投标项目中，定标是指根据评标结果产生中标（候选）人。招标人根据评标委员会提出的书面评标报告和推荐的中标候选人确定中标人。招标人也可以授权评标委员会直接确定中标人。确定中标人后，招标人应当向中标人发出中标通知书。

4. 签订合同

招标人和中标人应当自中标通知书发出之日起 30 日内，按照招标文件和中标人的投标文件订立书面合同。招标人和中标人不得再订立背离合同实质性内容的其他协议。

中标人将中标项目转让给他人的，将中标项目肢解后分别转让给他人的，违反本法规定将中标项目的部分主体、关键性工作分包给他人的，或者分包人再次分包的，转让、分包无效，处转让、分包项目金额 5‰以上 10‰以下的罚款；有违法所得的，并处没收违法所得；可以责令停业整顿；情节严重的，由工商行政管理机关吊销营业执照。

招标人与中标人不按照招标文件和中标人的投标文件订立合同的，或者招标人、中标人订立背离合同实质性内容的协议的，责令改正；可以处中标项目金额 5‰以上 10‰以下的罚款。

中标人不履行与招标人订立的合同的，履约保证金不予退还，给招标人造成的损失超过履约保证金数额的，还应当对超过部分予以赔偿；没有提交履约保证金的，应当对招标人的损失承担赔偿责任。

中标人不按照与招标人订立的合同履行义务，情节严重的，取消其 2～5 年内参加依法必须进行招标的项目的投标资格并予以公告，直至由工商行政管理机关吊销营业执照。

2.3　建设工程招标文件的编制

招标文件是建设工程招标投标活动中的最重要的法律文件，是评标委员会对投标文件评审的依据，也是业主与中标人签订合同的基础，同时也是投标人编制投标文件的重要依据。因此，招标文件的编制质量和深度，关系着整个招标工作的成败。招标文件的繁简程度，要视招标工程项目的性质和规模而定。建设项目复杂、规模庞大的，招标文件要力求准确、清楚。建设项目简单、规模小的，文件可以从简，但要把主要问题交代清楚。招标文件内容应根据招标方式和范围的不同而异。工程项目全过程总招标，同勘察设计、设备材料供应和施工分别招标，其特点性质都是截然不同的，应从实际需要出发，分别提出不同内容要求。

12. 招标文件的组成和内容

2.3.1　招标文件的组成

1. 招标公告或投标邀请书、投标人须知、评标办法、投标文件格式等，主要阐述招标项目需求概况和招标投标活动规则，对参与项目招标投标活动各方均有约束力，但一般不构成合同文件。

2. 工程量清单、设计图纸、技术标准和要求、合同条款等，全面描述招标项目需求，既是招标活动的主要依据，也是合同文件构成的重要内容，对招标人和中标人具有约束力。

3. 参考资料，供投标人了解分析与招标项目相关的参考信息，包括项目地址、水文、地质、气象、交通等参考资料。

2.3.2 招标文件的内容

1. 招标公告。

2. 投标人须知，即具体制定投标的规则，使投标单位在投标时有所遵循。投标人须知，是指导投标人正确地进行投标报价的文件，规定了编制投标文件和投标应注意、考虑的程序规定和一般规定，特别是实质性规定。投标人在投标时必须仔细阅读和理解，按照投标人须知中的要求进行投标。一般在投标须知前有一张投标人须知前附表，见表2-2。

13. 招标文件的编制及注意事项

投标人须知前附表　　　　　　　　　　　　　　　　　　　表 2-2

序号	条款名称	编列内容
1	项目名称	×××
	建设地点	×××
2	招标人	招标人： 地址： 联系人及电话：
	招标代理机构	招标代理机构： 地址： 联系人及电话：
3	资金来源、资金落实情况	资金来源：自筹； 资金已落实
4	招标范围、计划工期、质量要求	招标范围为： 计划工期： 质量要求：
5	投标人资质条件	资质条件：详见招标公告； 项目班子要求：详见招标公告
6	踏勘现场	招标人不组织踏勘现场，投标人自行前往工程所在地； （如组织踏勘现场，写明集合时间、地点）
7	投标预备会	招标人不组织召开投标预备会； （如组织投标预备会，写明投标预备会召开时间、地点）
8	投标截止时间	年　　　月　　　日　　　时　　　分
9	投标报价方式	—
10	经审定的工程预算价和暂列金	本工程预算造价_____元，暂定价为_____元
11	最高限价	最高限价为_____元，报价大于或等于最高限价者为废标
12	投标有效期	_____日历天（从投标截止日算起）
13	投标保证金	投标保证金的形式、投标保证金的金额
14	签字、盖章要求	
15	投标文件份数	一份正本，_____份副本
16	递交投标文件方式	—

续表

序号	条款名称	编列内容
17	开标形式	电子开标或者线下开标,线下开标写明时间、地点
18	开标程序	开标顺序:现场确定
19	评标办法	—
20	中标候选人履约能力审查的内容	—
21	评标结果公示	评标和中标候选人履约能力审查结果报行业主管部门备案后,评标结果在网上公示,公示时间为 3 天
22	中标通知	确定中标人之日起 15 天内,经行业主管部门备案核准,招标人以书面形式向中标人发出中标通知书,同时将以网上发布中标结果的形式通知未中标的投标人

3. 合同主要条款。招标人在编制招标文件时,应根据《中华人民共和国民法典》《建设工程施工合同管理办法》的规定,结合工程具体情况确定招标文件合同主要条款的内容。合同协议书可以参考【例 2-3】。

【例 2-3】

合同协议书

发包人 (全称):_____

承包人 (全称):_____

根据《中华人民共和国民法典》《中华人民共和国建筑法》及有关法律规定,遵循平等、自愿、公平和诚实信用的原则,双方就_____施工及有关事项协商一致,共同达成如下协议:

一、工程概况

1. 工程名称:_____。

2. 工程地点:_____。

3. 工程立项批准文号:_____。

4. 资金来源:_____。

5. 工程内容:_____。

群体工程应附《承包人承揽工程项目一览表》。

6. 工程承包范围:_____。

二、合同工期

计划开工日期:_____年____月____日。

计划竣工日期:_____年____月____日。

工期总日历天数:_____日历天。工期总日历天数与根据前述计划开(竣)工日期计算的工期天数不一致的,以工期总日历天数为准。

三、质量标准

工程质量符合_____标准。

四、签约合同价与合同价格形式

1. 签约合同价为：

人民币（大写）_____（￥_____元）；

其中：

(1) 安全文明施工费：

人民币（大写）_____（￥_____元）；

(2) 材料和工程设备暂估价金额：

人民币（大写）_____（￥_____元）；

(3) 专业工程暂估价金额：

人民币（大写）_____（￥_____元）；

(4) 暂列金额：

人民币（大写）_____（￥_____元）。

2. 合同价格形式：_____。

五、项目经理

承包人项目经理：_____。

六、合同文件构成

本协议书与下列文件一起构成合同文件：

(1) 中标通知书（如果有）；

(2) 投标函及其附录（如果有）；

(3) 专用合同条款及其附件；

(4) 通用合同条款；

(5) 技术标准和要求；

(6) 图纸；

(7) 已标价工程量清单或预算书；

(8) 其他合同文件。

在合同订立及履行过程中形成的与合同有关的文件均构成合同文件组成部分。

上述各项合同文件包括合同当事人就该项合同文件所作出的补充和修改，属于同一类内容的文件，应以最新签署的为准。专用合同条款及其附件须经合同当事人签字或盖章。

七、承诺

1. 发包人承诺按照法律规定履行项目审批手续、筹集工程建设资金并按照合同约定的期限和方式支付合同价款。

2. 承包人承诺按照法律规定及合同约定组织完成工程施工，确保工程质量和安全，不进行转包及违法分包，并在缺陷责任期及保修期内承担相应的工程维修责任。

3. 发包人和承包人通过招标投标形式签订合同的，双方理解并承诺不再就同一工程另行签订与合同实质性内容相背离的协议。

八、签订时间

本合同于_____年___月___日签订。

九、签订地点

本合同在＿＿＿＿＿＿＿＿＿＿＿＿＿签订。

十、补充协议

合同未尽事宜，合同当事人另行签订补充协议，补充协议是合同的组成部分。

十一、合同生效

本合同自＿＿＿＿＿＿＿＿＿＿＿＿＿生效。

十二、合同份数

本合同一式＿＿＿＿＿份，均具有同等法律效力，发包人执＿＿＿＿＿份，承包人执＿＿＿＿＿份。行业主管部门、招标代理公司各执＿＿＿＿＿份。

发包人：（公章）	承包人：（公章）
住　　所：	住　　所：
法定代表人：	法定代表人：
委托代表人：	委托代表人：
电　　话：	电　　话：
传　　真：	传　　真：
账　　号：	工程款账号：
开户银行：	开户银行：
邮政编码：	进城务工人员工资账户：
	开户银行：
	邮政编码：

投标人在编制投标文件时，应认真参考招标文件合同主要条款中对工程具体要求的规定，并在投标文件中明确对合同主要条款内容的响应。

招标文件的内容要体现公平，《招标投标法》第二十条规定，招标文件不得要求或者标明特定的生产供应者以及含有倾向或者排斥潜在投标人的其他内容。

《招标投标法》第二十三条规定，招标人对已发出的招标文件进行必要的澄清或者修改的，应当在招标文件要求提交投标文件截止时间至少十五日前，以书面形式通知所有招标文件收受人。该澄清或者修改的内容为招标文件的组成部分。

4. 投标文件格式。

5. 采用工程量清单招标的，应当提供工程量清单。

招标工程量清单为投标人的投标竞争提供了一个平等和共同的基础。工程量清单将要求投标人完成的工程项目及其相应工程实体数量全部列出，为投标人提供拟建工程的基本内容、实体数量和质量要求等信息。这使所有投标人所掌握的信息相同，受到的待遇是客观、公正和公平的。

14. 招标工程量清单编制

工程量清单是建设工程计价的依据。在招标投标过程中，招标人根据工程量清单编制招标工程的招标控制价；投标人按照工程量清单所表述的内容，依据企业定额计算投标价格，自主填报工程量清单所列项目的单价与合价。

工程量清单是建设工程的分部分项工程项目、措施项目、其他项目、规费项目和税金项目的名称和相应数量等的明细清单。由分部分项工程量清单、措施项目清单、其他项目清单、规费税金清单组成。

6. 技术条款。投标人编制施工组织设计和计算施工成本的依据。一般有三个方面的内容：一是提供现场的自然条件；二是现场施工条件；三是本工程采用的技术规范。

7. 设计图纸。图纸是招标文件和合同的重要组成部分，是投标人在拟定施工方案、确定施工方法以及提出替代方案、计算投标报价必不可少的资料。

8. 评标标准和方法。应根据工程规模和招标范围详细确定评标标准和方法。

9. 投标辅助材料。项目经理简历表、施工进度计划表等。

2.4 建设工程招标控制价的编制

招标控制价是招标人根据国家以及当地有关规定的计价依据和计价办法、招标文件、市场行情，并按工程项目设计施工图纸等具体条件调整编制的，对招标工程项目限定的最高工程造价，也称为最高投标限价。

2.4.1 建设工程招标控制价编制原则

1. 我国对国有资金投资项目的投资控制实行的投资概算审批制度，国有资金投资的工程原则上不能超过批准的投资概算。因此，在工程招标发包时，当编制的招标控制价超过批准的概算，招标人应当将其报原概算审批部门重新审核。

2. 国有资金投资的工程进行招标，根据《招标投标法》的规定，招标人可以设标底。当招标人不设标底时，为有利于客观、合理地评审投标报价和避免哄抬标价，造成国有资产流失，招标人应编制招标控制价。招标人可以自行决定是否编制标底。一个招标项目只能有一个标底。标底必须保密。接受委托编制标底的中介机构不得参加受托编制标底项目的投标，也不得为该项目的投标人编制投标文件或者提供咨询。招标人设有最高投标限价的，应当在招标文件中明确最高投标限价或者最高投标限价的计算方法。招标人不得规定最低投标限价。

3. 国有资金投资的工程，招标人编制并公布的招标控制价相当于招标人的采购预算，同时要求其不能超过批准的概算，因此，招标控制价是招标人在工程招标时能接受投标人报价的最高限价。国有资金中的财政性资金投资的工程在招标时还应符合《中华人民共和国政府采购法》相关条款的规定。所有国有资金投资的工程，投标人的投标报价不能高于招标控制价，否则，其投标将被拒绝。

2.4.2 建设工程招标控制价编制依据

1. 《建设工程工程量清单计价规范》GB 50500—2013。

2. 国家或省级、行业建设主管部门颁发的计价定额和计价办法。

3. 建设工程设计文件及相关资料。

4. 招标文件中的工程量清单及有关要求。

5. 与建设项目相关的标准、规范、技术资料。

15. 招标控制价的
作用及编制方法

6. 工程造价管理机构发布的工程造价信息；工程造价信息没有发布的参照市场价。

7. 其他相关资料。主要指施工现场情况、工程特点及常规施工方案等。

2.4.3　编制建设工程招标控制价的注意事项

1. 使用的计价标准、计价政策应是国家或省级、行业建设主管部门颁布的计价定额和相关政策规定；

2. 采用的材料价格应是工程造价管理机构通过工程造价信息发布的材料单价，工程造价信息未发布材料单价的材料，其材料价格应通过市场调查确定；

3. 国家或省级、行业建设主管部门对工程造价计价中费用或费用标准有规定的，应按规定执行。

2.4.4　建设工程招标控制价的编制内容和方法

1. 分部分项工程费应根据招标文件中的分部分项工程量清单项目的特征描述及有关要求，按规定确定综合单价进行计算。综合单价中应包括招标文件中要求投标人承担的风险费用。招标文件提供了暂估单价的材料，按暂估的单价计入综合单价。

2. 措施项目费应按招标文件中提供的措施项目清单确定，措施项目采用分部分项工程综合单价形式进行计价的工程量，应按措施项目清单中的工程量，并按规定确定综合单价；以"项"为单位的方式计价的，按规定确定除规费、税金以外的全部费用。措施项目费中的安全文明施工费应当按照国家或省级、行业建设主管部门的规定标准计价。

3. 其他项目费应按下列规定计价：

（1）暂列金额。暂列金额由招标人根据工程特点，按有关计价规定进行估算确定。为保证工程施工建设的顺利实施，在编制招标控制价时应对施工过程中可能出现的各种不确定因素对工程造价的影响进行估算，列出一笔暂列金额。暂列金额可根据工程的复杂程度、设计深度、工程环境条件（包括地质、水文、气候条件等）进行估算，一般可按分部分项工程费的 10%～15% 作为参考。

（2）暂估价。暂估价包括材料暂估价和专业工程暂估价。暂估价中的材料单价应按照工程造价管理机构发布的工程造价信息或参考市场价格确定；暂估价中的专业工程暂估价应分不同专业，按有关计价规定估算。

（3）计日工。计日工包括计日工人工、材料和施工机械。在编制招标控制价时，对计日工中的人工单价和施工机械台班单价应按省级、行业建设主管部门或其授权的工程造价管理机构公布的单价计算；材料应按工程造价管理机构发布的工程造价信息中的材料单价计算，工程造价信息未发布材料单价的材料，其价格应按市场调查确定的单价计算。

（4）总承包服务费。总承包服务费是为了解决招标人在法律法规允许的条件下，进行专业工程发包以及自行采购供应材料、设备时，要求总承包人对发包人的专业工程提供协调和配合服务，对供应的材料、设备提供收、发和保管服务以及对施工现场进行统一管理，对竣工资料进行统一汇总整理等发生并向总承包人支付的费用。招标人应当按照投标人的投标报价支付该费用。

4. 招标控制价的规费和税金必须按国家或省级、行业建设主管部门的规定计算。

5. 招标控制价编制的注意事项：

（1）招标控制价的作用决定了招标控制价不同于标底，无须保密。为体现招标的公平、公正，防止招标人有意抬高或压低工程造价，招标人应在招标文件中如实公布招标控制价，不得对所编制的招标控制价进行上浮或下调。招标人在招标文件中公布招标控制价时，应公布招标控制价各组成部分的详细内容，不得只公布招标控制价总价。同时，招标人应将招标控制价报工程所在地的工程造价管理机构备查。

（2）投标人经复核认为招标人公布的招标控制价未按照《建设工程工程量清单计价规范》GB 50500—2013 的规定进行编制的，应在开标前 5 天向招标投标监督机构或（和）工程造价管理机构投诉。

招标投标监督机构应会同工程造价管理机构对投诉进行处理，发现确有错误的，应责成招标人修改。

2.4.5　建设工程招标控制价文件

招标控制价文件封面见【例 2-4】。

【例 2-4】

封面
项目
招标控制价

招标控制价(小写)：＿＿＿＿＿＿＿元

　　　　　　(大写)：＿＿＿＿＿＿＿

招　标　人：＿＿＿＿＿＿　　　造价咨询人：＿＿＿＿＿＿

　　　　（单位盖章）　　　　　　　　（单位资质专用章）

法定代表人　　　　　　　　　　法定代表人

或其授权人：＿＿＿＿＿＿　　　或其授权人：＿＿＿＿＿＿

　　　　（签字或盖章）　　　　　　　（签字或盖章）

编　制　人：＿＿＿＿＿＿　　　复　核　人：＿＿＿＿＿＿

　　　（造价工程师签字盖　　　　　（造价工程师签字盖
　　　　专用章）　　　　　　　　　　专用章）

编制时间：　　　　　　　　　　复核时间：

招标控制价费用表见表 2-3。

招标控制价费用表 表 2-3

工程名称：

序号	工程名称	金额（元）	其中：(元)			
			暂估价	安全文明施工基本费	规费	税金
1	项目					
1.1	建筑工程					
1.2	钢结构工程					
1.3	景观工程					
1.4	市政工程					

续表

工程名称：

序号	工程名称	金额（元）	其中：(元)			
			暂估价	安全文明施工基本费	规费	税金
1.5	安装工程					

单位（专业）工程招标控制价费用表见表 2-4。

单位（专业）工程招标控制价费用表　　　　　　　　　　　　表 2-4

工程名称：　　　　　　　　　　　　　　　　　　标段：

序号		费用名称	计算公式	金额（元）
1		分部分项工程费	∑（分部分项工程量×综合单价）	
1.1	其中	人工费＋机械费	∑分部分项（定额人工费＋定额机械费）	
2		措施项目费	(2.1＋2.2)	
2.1		施工技术措施项目费	∑（技措项目工程量×综合单价）	
2.1.1	其中	人工费＋机械费	∑技措项目（定额人工费＋定额机械费）	
2.2		施工组织措施项目费	(1.1＋2.1.1)×费率	
2.2.1	其中	安全文明施工基本费	(1.1＋2.1.1)×费率	
3		其他项目费	(3.1＋3.2＋3.3＋3.4)	
3.1		暂列金额	3.1.1＋3.1.2＋3.1.3	
3.1.1	其中	标化工地增加费	按招标文件规定额度列计	
3.1.2		优质工程增加费	按招标文件规定额度列计	
3.1.3		其他暂列金额	按招标文件规定额度列计	
3.2		暂估价	3.2.1＋3.2.2＋3.2.3	
3.2.1	其中	材料(工程设备)暂估价	按招标文件规定额度列计（或计入综合单价）	
3.2.2		专业工程暂估价	按招标文件规定额度列计	
3.2.3		专项技术措施暂估价	按招标文件规定额度列计	
3.3		计日工	∑计日工(暂估数量×综合单价)	
3.4		施工总承包服务费	3.4.1＋3.4.2	
3.4.1	其中	专业发包工程管理费	∑专业发包工程(暂估金额×费率)	
3.4.2		甲供材料设备管理费	甲供材料暂估金额×费率＋甲供设备暂估金额×费率	
4		规费	(1.1＋2.1.1)×费率	
5		税金	(1＋2＋3＋4)×费率	
	招标控制价合计		1＋2＋3＋4＋5	

分部分项工程清单与计价表见表 2-5。

分部分项工程清单与计价表 表 2-5

单位（专业）工程名称 项目-建筑工程 标段：

序号	项目编码	项目名称	项目特征	计量单位	工程量	金额（元）	
						综合单价	合价
		A 土石方工程					
1	010101002001	挖一般土方	挖沟槽土方：土方类别、土方调配方案、堆放场地、运输方式、外运运距等投标单位结合岩土工程勘察报告及现场踏勘进行综合考虑	m^3	5439.87	5.44	29592.89
2	010103001001	回填方	沟槽及场地回填：取土来源及运距等投标单位自行考虑，回填压实度应达到规范要求	m^3	5013.25	29.28	146787.96
		D 砌筑工程					
3	010401001001	砖胎模	1. MU20 混凝土实心砖；2. 厚度：240mm；3. 砂浆类型：Mb10 水泥砂浆砌筑；4. 砖胎膜内侧采用 1：2 水泥砂浆抹灰	m^3	125.71	584.64	73495.09
4	010402001001	砌块墙	1. B07 级 A5.0 蒸压加气混凝土砌块；2. 厚度：100mm；3. 砂浆类型：Mb5 专用砂浆薄灰缝砌筑	m^3	40.68	532.06	21644.20

2.5 国际工程招标

国际工程招标，是指在国际工程项目中，招标人邀请几个或几十个投标人参加投标，通过多数投标人竞争，选择其中对招标人最有利的投标人达成交易的方式。招标是当前国际上工程建设项目的一种主要交易方式。它的特点是业主标明其拟发包工程的内容、完成期限、质量要求等，招引或邀请某些愿意承包并符合投标资格的投标者对承包该工程所采用的施工方案和要求的价格等进行投标，通过比价而达成交易的一种经济活动。多数国家都制定了适合本国特点的招标法规，以统一其国内招标办法，但还没有形成一种各国都应遵守的带有强制性的招标规定。国际工程招标，也都根据国家或地区的习惯选用一种具有代表性，适用范围广的招标法规。如世界银行贷款项目招标和采购法规、英国招标法规和法国使用的工程招标制度等。

2.5.1　国际招标投标原则

国际工程项目招标应坚持和贯彻公平、公正、平等竞争、及时有效的原则，具体体现在以下几方面：

1. 工程项目招标的信息向社会公开发布，所有投标人对招标信息有同等的了解权和知情权。

2. 工程项目招标的范围和内容具体、明确。招标人应详细、准确地介绍拟招标工程项目的情况，包括招标的范围、内容及具体要求，不得含糊不清。

16. 国际工程
招标

3. 工程项目招标的程序和规则应事先公开；招标过程中，当事人的权利、义务和责任应明确、科学合理。

4. 招标投标过程中，招标人不得与投标人直接谈判；投标截止后，投标人无权对投标书作任何修改。招标投标过程透明，结果公开。

5. 工程项目招标应优先使用公开竞争性招标在不能使用公开竞争性招标方式时，方可采用其他招标方式。

6. 投标人应在价格、质量、技术、期限、方案、服务、信誉等方面尽可能满足招标人的要求。

7. 在招标投标过程中，招标人应给予所有参加投标的供应商和承包商以公平和平等的待遇，不得对不同国别的公司实行歧视。

8. 招标人应采取或加强科学管理，除保证招标投标及时、顺利的进行外，还要保证所有参与人在其权利受到侵犯时能及时获得有效的法律救济手段。

2.5.2　国际工程招标方式

国际工程招标方式，是指国际工程的委托实施普遍采用承发包方式，即通过招标的办法，挑选理想的施工企业。

1. 国际竞争性招标

国际竞争性招标（International Competitive Bidding，ICB）亦称公开招标（Open Bidding），它是一种无限竞争性招标，这种方式指招标人通过公开的宣传媒介（报刊、杂志等）或相关国家的大使馆，发布招标信息，使世界各地所有合格的承包商（通过资格预审的）都有均等的机会购买招标文件，进行投标，其中综合各方面条件对招标人最有利者，可以中标。

国际竞争性招标在国际范围内，采用广泛公开的公平竞争方式进行，凡是愿意参加投标的公司，都可以按通告中的地址领取（或购买）资格预审表格及相关资料。只有通过资格预审的公司才有资格购买招标文件和参加投标。在招标文件规定的日期内，在招标机构决策人员和投标人在场的情况下当众开标。各投标人的报价和投标文件的有效性均应公布，并由出席开标的招标机构决策人在各承包商的每份标书的报价总表上签字，以示有效，且直至决标前任何人不得修改报价。审议投标书和报价及决标按事先规定的原则进行，公平合理，无任何偏向，对所有通过资格预审的承包商一视同仁，根据其投标报价及评标的所有依据如工期要求，可兑换外汇比例（指按可兑换和不可兑换两种货币付款的工程项目），投标商的人力、财力和物力及拟用于工程的设备等因素，进行评标和决标。采用这种方式招标，一方招标，多方投标，形成典型的买方市场，最大程度地挑起投标人之间的竞争，使招标人有充分的挑选余地，取得最有利的成交条件。

国际竞争性招标是目前世界上最普遍采用的成交方式，凡利用"国际复兴开发银行"（即世界银行）或"国际开发协会"贷款兴建的项目，按要求都必须采用国际竞争性招标的方式，即 ICB 方式招标。世界银行认为只有通过 ICB 方式招标才能实现"3E"原则，即效率（Efficiency）、经济（Economy）、公平（Equity）。采用这种方式，业主可以在国际市场上找到最有利于自己的承包商，无论在价格和质量方面，还是在工期及施工技术方面都可以满足自己的要求。

国际竞争性指标的适用范围如下：

（1）按资金来源划分

根据工程项目的全部或部分资金来源，实行国际竞争性招标主要适用于以下情况：

1）由世界银行及其附属组织国际开发协会和国际金融公司提供优惠贷款的工程项目；

2）由联合国多边援助机构如国际开发组织和地区性金融机构如亚洲开发银行提供援助性贷款的项目；

3）由某些国家的基金会和某个政府提供资助的工程项目；

4）由国际财团或多家金融机构投资的工程项目；

5）两国或两国以上合资的工程项目；

6）需要承包商提供资金即带资承包或延期付款的工程项目；

7）以实物偿付（如石油、矿产、化肥或其他实物）的工程项目；

8）发包国有足够的自有资金但自己无力实施的工程项目。

（2）按工程的性质划分

按工程的性质，国际竞争性招标主要适用于以下情况：

1）大型土木工程如水坝、电站、高速公路等；

2）施工难度大，发包国在技术或人力方面无实施能力的工程，如工业综合设施、海底工程、核电站等；

3）跨越国界的国际工程，如非洲公路、连接欧亚两大洲的陆上贸易通道等；

4）超级现代规模的工程。

2. 国际有限招标

国际有限招标是一种有限竞争性招标，与国际竞争性招标相比，它有一定的局限性，即对参加投标的人选有一定的限制。限制条件和内容各有差异，国际有限招标包括两种方式：

（1）一般限制性招标

这种招标虽然也是在世界范围内，但对投标人选有一定的限制，其具体做法与国际竞争性招标颇为近似，只是更强调投标人的资信。采用一般限制性招标方式也必须在国内外主要报刊上刊登广告，只是必须注明是有限招标和对投标人选的限制范围。

（2）特邀招标

特邀招标即特别邀请性招标，采用这种方式时，一般不在报刊上刊登广告，而是根据招标人自己积累的经验和资料或由咨询公司提供的承包商名单，如果是世界银行或某一外国机构资助的项目，招标人要征得资助机构的同意后对某些承包商发出邀请。通过对应邀人进行资格预审后，再行通知其提出报价，递交投标书。这种招标方式的优点是经过选择的承包商在经验、技术和信誉方面都比较可靠，基本上能保证招标的质量和进度。这种方式的缺点在于发包人所了解的承包商的数量有限，在邀请时很有可能漏掉一些在技术上和报价上有竞争能力的后起之秀。为弥补此项不足，招标人可以编辑相关专业承包商的名录，摘要其特点，并及时了解和掌握新承包商的动态和原有承包商实力发展变化的信息，不断对名录进行调整、更新和补充，以减少遗漏。

国际有限招标是国际竞争性招标的一种修改方式。这种方式通常适合于以下情况：

1）工程量不大、投标商数量有限或有其他不宜进行国际竞争性招标的项目。如对工程有特殊要求的项目。

2）某些大而复杂且专业性很强的工程项目。潜在投标者很少，准备招标的成本很高。为了节省时间和费用，并取得较好的报价，招标可以限制在少数几家合格企业的范围内，以使每家企业都有争取合同的机会。

3）由于工程性质特殊，要求有专门经验的技术队伍和熟练的技工以及专用的技术装备，只有少数承包商能够胜任。

4）由于工期紧迫或保密要求及其他原因不宜公开招标。

5）工程规模太大，中小型公司不能胜任，只能邀请若干家大型公司投标的项目。

6）工程项目招标通知发出后无人投标或投标商的数量不足法定人数（至少三家），招标人可再邀请少数公司投标。

3. 议标

议标，亦称谈判招标（Negotiated Bidding），也称委托信任标。它属于一种非竞争性招标。严格地讲这不算一种招标方式，只是一种"谈判合同"。最初，议标的习惯做法是由发包人物色一家承包商直接进行合同谈判。一般为一些工程项目造价过低，不值得组织招标；由于其专业为某一家或几家垄断，或工期紧迫不宜采取竞争性招标；招标的内容是关于专业咨询、设计和指导性服务、专用设备的安装维修；或属于政府协议工程等情况下，才采用议标方式。

随着承包活动的广泛开展、议标的含义和做法也不断地发展和改变。目前，在国际承包实践中，发包单位已不再仅仅是同一家承包商议标，而是同时与多家承包商进行谈判，最后无任何约束地将合同授给其中一家，无须优先授给合同报价最低者。

议标带给承包商的好处较多，首先，承包商不用出具投标保函，议标承包商无须在一定期限内对其报价负责。其次，议标毕竟竞争性小，竞争对手不多，因而缔约的可能性大。议标对发包单位也有好处，发包单位可以不受任何约束，可以按其要求选择合作对象，尤其是当发包单位同时与多家议标时，可以充分利用承包商的弱点，如利用其担心其他对手抢标，成交心切的心理迫使其降价或降低其他要求条件，从而达到理想的成交条件。

当然，议标毕竟不是招标，竞争对手少，有些工程由于专业性过强，议标的承包商常常是"只此一家，别无分号"，自然无法获得较理想的报价。

同时，我们应充分地注意到议标常常是获取巨额合同的主要手段。综观 10 年来国际承包市场的成交情况，国际上 225 家大承包商（1991 年前为 250 家）中名列前十名的承包商每年的成交额约占世界总发包额的 40%，而他们的合同竟有 90% 是通过议标取得的，可见议标在国际发包工程中所占的重要地位。

采用议标形式，发包单位同样可以采取各项可能的措施、运用特殊的手段，挑起多家可能实施合同的承包商之间的竞争。参加议标而未当选的承包商任何时候都不得以任何理由要求报销其为议标项目而做出的开支，即使发包单位接受了某议标承包商的报价，但如果上级主管部门拒不批准并且同另一家报价更高的承包商缔约，被拒绝的承包商也无权索取赔偿。

议标合同谈判方式和缔约方式没有什么特殊规定，发包单位不受任何约束。合同形式的选择，特别是合同的计价方法，采取总价合同还是单价合同，均由项目合同负责人决定。

议标通常在以下情况下采用：

1）以特殊名义（如执行政府间协议）缔结承包合同。

2）按临时价缔结且在业主监督下执行的合同。

3）由于技术需求或重大投资原因只能委托给特定承包商或制造商实施的合同。

这类项目多是由提供经济援助的国家资助的建设项目，大多采用议标形式，由受援国的有关部门委托给供援国的承包公司实施。在这种情况下的议标一般是单项议标，且以政府协议为基础。

4）属于研究、试验及有待完善的项目承包合同。

5）项目已付诸招标，但没有中标者或没有理想的承包商。在这种情况下，业主通过议标，另行委托承包商实施工程。

6）出于紧急情况或紧迫需要的项目。

7）秘密工程，国际工程。

8）已为业主实施过项目且已取得业主满意的承包商重新承担技术相同的工程项目，或原工程项目的扩建部分。适于按议标方式缔约的项目，也并不意味着不适合于采用其他方式招标，要根据招标人的主客观需要来决定。凡议标合同都需要经过主管合同委员会批准。议标合同的签字程序及合同批准通知书规定期限及相应的手续和缔约候选公司的权力等与招标合同相同。

4. 其他招标方式

（1）两阶段招标

这种招标的实质是一种无限竞争性招标和有限竞争性招标的结合，即国际竞争性招标和国际有限招标综合起来的招标方式。第一阶段按公开招标方式进行，经过开标、评标之后，再邀请其中报价较低的或最有资格的 3～4 家进行第二次报价。

在第一阶段报价、开标、评标之后，如最后报价超过标底 20%，且经过减价之后仍然不能低于标底时，则可邀请其中数家商谈。再做第二阶段报价，如果最低标价在标底范围以内，即可进行定标。

两阶段招标往往适用于以下三种情况：

1）招标工程的内容尚处于发展阶段，需要在第一阶段招标中博采众长，进行评价，选出最新最优方案，然后在第二阶段中邀请被选中方案的投标人进行详细的报价。

2）在某些新兴的大型项目的承发包之前，招标人对此项目的建造方案尚未最后确定，这时可以在第一阶段招标中向投标人提出要求，就其最擅长的建造方式进行报价，或者按其建造方案报价。经过评价，选出其中最佳方式或方案的投标人，再进行第二阶段，按具体方式或方案的详细报价。

3）一次招标不成功，没有在要求极限以下的报价，只好在现有基础上邀请若干家较低报价者再次报价。

（2）保留性招标

发包国为了保护本国承包商的利益，将原来适于 ICB 方式招标的工程留下一部分专门给本国承包商。这种方式适用于资金来源是多渠道的，如世界银行贷款加国内配套投资的项目招标。

（3）地区性公开招标

由于资金来源属于某一地区组织、例如阿拉伯基金会，地区性开发银行贷款等，限制属于该组织的成员国才能参加投标。

（4）排他性招标

在出口信贷或双边贷款条件下，贷款国要求借款国在其贷款工程发包时排除第三国的承包商，甚至借款国的承包商与第三国承包商合作投标也在排除之列。

（5）平行招标

平行招标，亦称分项招标，是指业主根据项目的具体情况把一个较大的工程分成若干个互相联系的子项工程，分别而又同时进行单独招标。适用于技术层次多，设备供应范围大的大型项目的招标。

（6）多层次招标

多层次招标，是指大型项目在招标结束后，中标人即总包商，在征得业主同意的情况下，以招标人的身份将工程的一部分转包给其他专业承包商（即二包商），从而形成多层次的招标。在这种情况下，总包商对转包出去的工程仍然承担责任。

以上是国际工程招标的主要方式，这些方式主要指政府工程或某些金融机构贷款的工程项目的招标方式。如果是私人工程准备采用招标方式选择承包商可以借鉴以上的招标方式。

招标方式的选择是招标工作的首要环节，确定招标方式时要对项目的资金来源，项目自身特点（如是军用还是民用，公共项目还是私人项目以及项目的规模、需求的紧迫程度等）作综合分析，在不违背招标法规要求的前提下，选择对自己最有利的招标方式，为确定最理想的承包商创造条件。

2.5.3　国际工程招标程序

各国和国际组织规定的招标程序不尽相同，但主要步骤和环节一般来说大同小异。

国际工程招标的程序：发招标通告、资格预审、编制投标书和落实担保、递送投标文件、开标、评标和决标、中标签约等。

2.6　课内实践

2.6.1　实践目的

熟悉建筑工程招标文件的内容；参考标准施工招标文件，综合运用建筑工程预算、招标投标知识和工程量清单计价知识，结合招标投标制作软件完成实际工程招标文件的编制。为日后从事招标相关工作奠定基础。

2.6.2 实践内容及成果

1. 熟悉施工图及有关资料。

2. 根据清单计价规范依次列项、计算清单项目工程量。

3. 编制分部分项工程量清单、措施项目清单等。

4. 招标文件其他部分的编制。

5. 按招标文件的统一格式，装订成册。

思考与练习

一、单项选择题

1. 以下施工项目不属于必须招标范畴的是（   ）。

A. 大型基础设施项目

B. 使用世界银行贷款建设项目

C. 政府投资的经济适用房建设项目

D. 施工重要技术采纳特定专利的建设项目

2.《工程建设项目招标范围和规模标准规定》中规定重要设备、材料等物资的采购，单项合同估算价在（   ）万元人民币以上的，必须进行招标。

A. 20　　　　　B. 50　　　　　C. 150　　　　　D. 100

3.《招标投标法》规定，招标人采纳公布招标方式，应当公布招标公告，依法必须进行招标项目的招标公告，应当通过（   ）的报刊、信息网络或者其他媒介公布。

A. 国家指定　　B. 业主指定　　C. 当地政府指定　　D. 监理机构

4. 中标后，除不可抗力外，招标单位拒绝与中标单位签订合同，应（   ）。

A. 赔偿损失　　　　　　　　B. 双倍返回投标保证金

C. 返回投标保证金　　　　　D. 返回履约保证金

5. 采用邀请招标方式时，邀请对象应不少于（   ）家。

A. 3　　　　　B. 4　　　　　C. 5　　　　　D. 10

6. 一般的民用建筑或中小型工业项目都采用通用的规范设计。为了提高设计水平，可以选择（   ）。

A. 直接发包　　B. 邀请招标　　C. 议标　　　D. 公开招标

7. 监理招标中，业主主要看中的是（   ）。

A. 监理单位的资源　　　　　B. 监理单位的报价

C. 监理单位的技术水平　　　D. 监理单位的信誉

8. 中标通知书发出后，中标单位应与建设单位签订工程承包合同，其时限为（   ）天内。

A. 7　　　　　B. 14　　　　　C. 20　　　　　D. 30

9. 关于工程建设项目是否必须招标的说法，正确的是（   ）。

A. 使用国有企业事业单位自有资金的工程建设项目必须进行招标

B. 施工单项合同估算价为人民币 100 万元必须进行招标

C. 利用扶贫资金实行以工代赈、需要使用进城务工人员的建设工程项目可以不进行招标

D. 需要采用专利或者专有技术的建设工程项目可以不进行招标

10. 某政府投资项目的施工单项合同估算价在（　　）万元以上的，该项目就必须通过招标方式选择施工单位。

A. 100　　　　　　　B. 200　　　　　　　C. 300　　　　　　　D. 400

11. 某公用事业建设项目设计单项合同估算价达到（　　）万元以上时，该项目的设计任务发包就必须依法招标。

A. 50　　　　　　　B. 100　　　　　　　C. 200　　　　　　　D. 300

12. 下列情形，可以进行邀请招标的是（　　）。

A. 施工单项合同价为 100 万元的建设工程项目

B. 某项目由于技术复杂，只有 4 家施工企业具有承接工程的能力

C. 在建工程追加附属小型工程

D. 某抢险救灾项目

13. 我国法律规定的招标方式是（　　）。

A. 公开招标和议标　　　　　　　　B. 公开招标和邀请招标

C. 邀请招标和议标　　　　　　　　D. 公开招标、邀请招标和议标

14. 下列不属于招标人限制不合理条件的是（　　）。

A. 就同一招标项目向潜在投标人或者投标人提供有差异的项目信息

B. 对潜在投标人或者投标人采取不同的资格审查或者评标标准

C. 限定或者指定特定的专利、商标、品牌、原产地或者供应商

D. 招标人在招标公告中设定不接受联合体投标

15. 下列不视为投标人之间串通投标的行为是（　　）。

A. 不同投标人的投标文件由同一单位或者个人编制

B. 不同投标人的投标文件载明的项目管理成员为同一人

C. 投标人在投标时递交虚假业绩证明

D. 不同投标人投标文件异常一致或者投标报价呈规律性差异

16. 根据《中华人民共和国招标投标法实施条例》，下列情形中，属于不同投标人之间相互串通投标情形的是（　　）。

A. 约定部分投标人放弃投标或者中标

B. 投标文件相互混装

C. 投标文件载明的项目经理为同一人

D. 委托同一单位或个人办理投标事宜

17. 联合体中标的，联合体各方（　　）。

A. 应当共同与招标人签订合同，就中标项目向招标人承担连带责任

B. 应当分别与招标人签订合同，就中标项目向招标人承担连带责任

C. 应当共同与招标人签订合同，就中标项目向招标人独立承担责任

D. 应当分别与招标人签订合同，就中标项目向招标人独立连带责任

18. 某建设项目招标，采用经评审的最低投标价法评标，经评审的投标价格最低的投标人报价 1020 万元，评标价 1010 万元，评标结束后，该投标人向招标人表示，可以再降低报价，报 1000 万元，与此对应的评标价为 990 万元，双方订立的合同价应为（　　）。

A. 1020 万元　　　　B. 1010 万元　　　　C. 1000 万元　　　　D. 990 万元

19. 履约保证金不得超过中标合同金额的（　　）。

A. 5%　　　　　　　B. 10%　　　　　　　C. 15%　　　　　　　D. 20%

20. 必须进行招标的项目，招标人应当自确定中标人之日起 15 日内，向有关（　　）提交招标投标情况的书面报告。

A. 行政监督部门　　　　　　　　　　B. 建设行政主管部

C. 评标委员会　　　　　　　　　　　D. 招标人

21. 关于中标后订立建设工程施工合同的说法，正确的是（　　）。

A. 合同的主要条款应当与招标文件和中标人投标文件的内容一致

B. 中标人由评标委员会确定

C. 合同的所有内容都必须与中标人的投标文件一致

D. 招标人和中标人应自中标通知书收到之日起 30 天内订立书面合同

二、多项选择题

1. 我国《招标投标法》规定，开标时由（　　）检查投标文件密封情况，确认无误后当众拆封。

A. 招标人　　　　　　　　　　　　　B. 投标人或投标人推选的代表

C. 评标委员会　　　　　　　　　　　D. 地方政府相关行政主管部门

E. 公证机构

2. 下列评标委员会成员中，符合《招标投标法》规定的是（　　）。

A. 某甲，由招标人从省人民政府有关部门提供的专家名册的专家中确定

B. 某乙，现任某公司法定代表人，该公司常年为某投标人提供建筑材料

C. 某丙，从事招标工程项目领域工作满 10 年并具有高级职称

D. 某丁，在开标后，中标结果确定前将自己担任评标委员会成员的事告诉了某投标人

E. 某戊，某投标人的专业顾问

3. 工程建设项目公开招标范围包括（　　）。

A. 全部或者部分使用国有资金投资或者国家融资的项目

B. 施工单项合同估算价在 100 万元人民币以上的

C. 关系社会公共利益、公众安全的大型基础设施项目

D. 使用国际组织或者外国政府资金的项目

E. 关系社会公共利益、公众安全的大型公用事业项目

4. 公开招标与邀请招标在程序上的区别为（　　）。

A. 投标竞争激烈程度不同

B. 公开招标中，可获得有竞争性的商业报价

C. 承包商获得招标信息的方式不同

D. 对投标人资格审查的方式不同

E. 开标以及评标方式不同

5. 根据《工程建设项目施工招标投标办法》，对于应当招标的工程建设项目，经批准可以不采用招标发包的情形有（　　）。

A. 拟公开招标的费用与项目价值相比，不值得

B. 施工主要技术采用特定专利或专有技术

C. 当地投标企业较少

D. 军队建设项目

E. 利用扶贫资金以工代赈

6. 招标人的下列行为中，属于以不合理条件限制，排斥潜在投标人或者投标人的有（　　）。

A. 就同一招标项目向潜在投标人或者投标人提供有差别的项目信息

B. 对潜在投标人或者投标人采取不同的资格审查或者评标标准

C. 限定或者指定特定的专利、商标、品牌、原产地或者供应商

D. 依法必须进行招标的项目，限定潜在投标人或者投标人的所有制形式或组织形式

E. 根据招标项目的具体特点，设定资格、技术、商务条件

7. 下列关于投标文件的补充、修改与撤回，正确的有（　　）。

A. 对于投标文件的补充、修改与撤回，应该在投标截止日之前

B. 对于投标文件的补充、修改与撤回，应该在投标有效期之前

C. 在投标有效期内进行的补充、修改的内容作为投标文件的组成部分

D. 在投标截止日前进行的补充、修改的内容作为投标文件的组成部分

E. 投标人可以选择电话或书面方式通知招标人撤回投标文件

三、简答题

1. 指出下述发包代理单位编制的招标投标日程安排的不妥之处，并简述理由。某发包代理单位在接受委托后根据工程的情况，编写了招标文件，其中的招标日程安排见下表。

序号	工作内容	日期
1	发布公开招标信息	2021.4.30
2	公开接受施工企业报名	2021.5.4 上午 9:00～11:00
3	发放招标文件	2021.5.10 上午 9:00
4	答疑会	2021.5.10 上午 9:00～11:00
5	现场踏勘	2021.5.11 下午 13:00
6	投标截止	2021.5.16
7	开标	2021.5.17
8	询标	2021.5.18～21
9	决标	2021.5.24 下午 14:00
10	发中标通知书	2021.5.24 下午 14:00
11	签订施工合同	2021.5.25 下午 14:00
12	进场施工	2021.5.26 上午 8:00
13	领取标书编制补偿费、保证金	2021.6.8

2. 简述我国建设工程招标程序。

3. 招标文件主要包括哪些内容。

4. 我国的招标方式有哪些，各有什么特点，各自的适用情况是什么。

5. 哪些项目必须进行公开招标。

Chapter 03

模块3

建设工程投标

知识目标

通过本模块教学，使学生掌握《招标投标法》关于投标的主要规定与投标程序；熟悉投标的各项准备工作；熟悉投标决策的影响因素及投标报价技巧；明确投标文件的编制内容及编制要求。

能力目标

通过专项实训，具备编制投标文件的应用能力。

素质目标

培养学生认真细致的工作习惯和责任心；具有良好的团队合作精神和吃苦耐劳精神。

3.1 建设工程投标基础知识

建设工程投标是建设工程招标投标活动中投标人的一项重要活动。市场经济条件下，投标是建筑企业承揽施工任务的主要途径，决定着企业生存和发展。

3.1.1 投标人的含义及条件

17. 建设工程投标基础知识

投标是指承包商根据业主的要求，以招标文件为依据，在规定的时间内向招标单位递交投标文件，争取工程承包权的活动。

投标人是响应招标、参加投标竞争的法人或其他组织。建设工程投标人主要包括勘察设计单位、施工企业、建筑装饰装修企业、工程材料设备供应商、工程总承包单位以及咨询、监理单位等。

投标人是按照招标文件的要求并在规定的时间内提交投标文件。投标人可以是法人也可以是其他非法人组织。

《招标投标法》第二十六条规定，投标人应当具备承担招标项目的能力；国家有关规定对投标人资格条件或者招标文件对投标人资格条件有规定的，投标人应当具备规定的资格条件。

投标人需要满足的条件如下：

1. 投标人应当具备承担招标项目的能力。

2. 投标人应当按照招标文件的要求编制投标文件。

3. 投标人应当在招标文件要求提交投标文件的截止时间前，将投标文件送达投标地点。

3.1.2 投标保证金制度

投标保证金是指投标人按照招标文件的要求向招标人出具的，以一定金额表示的投标责任担保。其实质是为了避免因投标人在投标有效期内随意撤回、撤销投标或中标后不能提交履约保证金和签署合同等行为而给招标人造成损失。投标保证金除现金外，可以银行汇票、银行本票、支票、投标保函、保证保险。

1. 投标保证金的形式

（1）现金

对于数额较小的投标保证金而言，采用现金方式提交是一个不错的选择。但对于数额较大（如万元以上）不宜采用现金方式提交，因为现金不易携带，不方便递交，在开标会上清点大量的现金不仅浪费时间，操作手段也比较原始，既不符合我国的财务制度，也不符合现代的交易支付习惯。

（2）银行汇票

银行汇票是汇票的一种，是一种汇款凭证，由银行开出，交由汇款人转交给异地收款人，异地收款人再凭银行汇票在当地银行兑取汇款。对于用作投标保证金的银行汇票而言则是由银行开出，交由投标人递交给招标人，招标人再凭银行汇票在自己的开户银行兑取汇款。

（3）银行本票

本票是出票人签发的，承诺自己在见票时无条件支付确定的金额给收款人或者持票人的票据。对于用作投标保证金的银行本票而言则是由银行开出，交由投标人递交给招标人，招标人再凭银行本票到银行兑取资金。

银行本票与银行汇票、转账支票的区别在于银行本票是见票即付，而银行汇票、转账支票等则是从汇出、兑取资金实际到账有一段时间。

（4）支票

支票是出票人签发的，委托办理支票存款业务的银行或者其他金融机构在见票时无条件支付确定的金额给收款人或者持票人的票据。支票可以支取现金（即现金支票），也可以转账（即转账支票）。对于用作投标保证金的支票而言则是由投标人开出，并由投标人交给招标人，招标人再凭支票在自己的开户银行支取资金。

（5）投标保函

投标保函是由投标人申请银行开立的保证函，保证投标人在中标人确定之前不得撤销投标，在中标后应当按照招标文件和投标文件与招标人签订合同。如果投标人违反规定，开立保证函的银行将根据招标人的通知，支付银行保函中规定数额的资金给招标人。

投标保证金应用投标货币或另一种可能自由兑换的货币表示，并采用下列任何一种形式：

1）由一家在买方本国的或国外的信誉好的银行用招标文件提供的格式或买方接受的其他格式出具的银行保函或不可撤销的信用证，其有效期应超过投标有效期 28 天；

2）银行本票、保付支票。

（6）保证保险

保证保险是保险公司对投标人投标行为的一种保证担保方式。若中标人因故放弃中标或不履行投标文件承诺，则由保险公司赔偿招标人损失。保险公司赔偿后，可向投标人进行追偿。

2. 投标保证金的作用

投标保证金对投标人的投标行为产生约束作用，保证招标投标活动的严肃性。

招标投标是一项严肃的法律活动，招标人的招标是一种要约邀请行为，投标人作为要约人，向招标人（要约邀请方）递交投标文件之后，即意味着响应招标人发出的要约邀请。在投标文件递交截止时间至招标人确定中标人的这段时间内，投标人不能要求退出竞标或者修改投标文件；而一旦招标人发出中标通知书，作出承诺，则合同即告成立，中标的投标人必须接受，并受到约束。否则，投标人承担合同订立过程中的缔约过失责任，承担投标保证金被招标人没收的法律后果，这实际上是对投标人违背诚实信用原则的一种惩罚。所以，投标保证金能够对投标人的投标行为产生约束作用，这是投标保证金最基本的功能。

在特殊情况下，可以弥补招标人的损失，如投标保证金不得超过项目估算价的 2%。

3. 投标保证金有效期

投标保证金有效期应当与投标有效期一致。

依法必须进行施工招标的项目的境内投标单位，以现金或者支票等形式提交的投标保证金应当从其基本账户转出。

投标有效期是以递交投标文件的截止时间为起点，以招标文件中规定的时间为终点的一段时间。在这段时间内，投标人必须对其递交的投标文件负责，受其约束。而在投标有效期开始生效之前（即递交投标文件截止时间之前），投标人（潜在投标人）可以自主决定是否投标、对投标文件进行补充修改，甚至撤回已递交的投标文件；在投标有效期届满之后，投标人可以拒绝招标人的中标通知而不受任何约束或惩罚。

投标保证金本身也有一个有效期的问题，如银行一般都会在投标保函中明确该保函在什么时间内保持有效，当然投标保证金的有效期必须大于等于投标有效期。

4. 投标保证金的没收

对于未中标的单位建设方应退回投标保证金

根据规定，投标人应提交规定金额的投标保证金，并作为其投标书的一部分。未中标人的投标保证金，将在买方与中标人签订合同后 5 日内退还。但是，下列任何情况发生时，投标保证金将被没收：

（1）投标截止后投标人撤销投标文件的。

（2）中标人在规定期限内未能：

1）根据投标人按规定签订合同或按规定接受对错误的修正；

2）根据招标文件规定未提交履约保证金；

3）投标人采用不正当的手段骗取中标。

5. 投标保证金的递交时间

投标保证金的递交时间，应开标前以有效形式递交保证金，开标前的时间很充裕，从知晓采购信息开始，一般到采购截止日都会有一段时间，招标采购为 20 天以后。竞争性谈判、询价采购、单一来源采购，从采购公告发布之日到采购当天也会有一个时间段。

所以对投标保证金交纳的时间要求只能是截至开标时间截止前的时点。

6. 投标保证金的退还

《招标投标法实施条例》第三十一条规定，招标人终止招标的，应当及时发布公告，或者以书面形式通知被邀请的或者已经获取资格预审文件、招标文件的潜在投标人。已经发售资格预审文件、招标文件或者已经收取投标保证金的，招标人应当及时退还所收取的资格预审文件、招标文件的费用以及所收取的投标保证金及银行同期存款利息。

《招标投标法实施条例》第五十七条规定，招标人和中标人应当依照招标投标法和本条例的规定签订书面合同，合同的标的、价款、质量、履行期限等主要条款应当与招标文件和中标人的投标文件的内容一致。招标人和中标人不得再行订立背离合同实质性内容的其他协议。

招标人最迟应当在书面合同签订后 5 日内向中标人和未中标的投标人退还投标保证金及银行同期存款利息。

7. 保证金制度的改革

浙江省住建厅等部门根据《保障农民工工资支付条例》《浙江省民营企业发展促进条例》和《关于加快推进房屋建筑和市政基础设施工程实行工程担保制度的指导意见》的规定，联合出台了《关于在工程建设领域改革保证金制度的通知》（以下简称《通知》），全面推行工程保函缴纳保证金，实行"工程保函＋信用"机制，切实减轻建筑业企业负担。通知自 2020 年 6 月 30 日起施行，主要包括提高工程保函替代率、降低保证金缴纳额度、保障企业自主权、健全信用机制、规范价款结算行为和加强监管等内容。进一步降低保证金缴纳额度：一是政府投资项目的投标保证金不超过 50 万元；二是政府投资项目履约保证金不超过中标合同金额的 2%，并在工程竣工验收（公路水运工程交工验收、水利工程完工验收）合格后 10 日内全额返还，工期一年以上项目可分年度或施工形象进度缴纳。

3.1.3 投标有效期

1. 投标有效期的概念

投标有效期是指为保证招标人有足够的时间在开标后完成评标、定标、合同签订等工作而要求投标人提交的投标文件在一定时间内保持有效的期限，该期限由招标人在招标文件中载明，从提交投标文件的截止之日起算。

按照《民法典》的有关规定，作为要约人的投标人提交的投标文件属于要约。要约通过开标生效后，投标人就不能再行撤回。一旦作为受要约人的招标人作出承诺，并送达要约人，合同即告成立，要约人不得拒绝。在投标有效期截止前，投标人必须对自己提交的投标文件承担相应法律责任。

2. 投标有效期的法律规定

（1）《工程建设项目货物招标投标办法》第二十八条规定，招标文件应当规定一个适当的投标有效期，以保证招标人有足够的时间完成评标和与中标人签订合同。投标有效期从招标文件规定的提交投标文件截止之日起计算。

这是我国的法规对"投标有效期"作用的阐释。一方面起到了约束投标人在投标有效期内不能随意更改和撤回投标的作用；另一方面也促使招标方加快评标、定标和签约过程，从而保证投标人的投标不至于由于招标方无限期拖延而增加投标人的风险。因为投标人的报价考虑了一定时期内的物价波动风险，一旦超过投标人考虑的时间段，风险将大大增大。

（2）《工程建设项目货物招标投标办法》第二十八条规定，在原投标有效期结束前，出现特殊情况的，招标人可以书面形式要求所有投标人延长投标有效期。投标人同意延长的，不得要求或被允许修改其投标文件的实质性内容，但应当相应延长其投标保证金的有效期；投标人拒绝延长的，其投标失效，但投标人有权收回其投标保证金。

同意延长投标有效期的投标人少于三个的，招标人应当重新招标。

（3）《建设工程招标文件示范文本》对投标有效期给出了这样的表述：投标有效期为投标截止日期起至中标通知书签发日期止。在此期限内，所有投标文件均保持有效。

（4）《工程建设项目勘察设计招标投标办法》第四十六条规定，评标定标工作应当在投标有效期内完成，不能完成的，招标人应当通知所有投标人延长投标有效期。

3.1.4 联合体投标

1. 联合体投标的含义及资质条件

（1）联合体投标的含义

《招标投标法》第三十一条规定，两个以上法人或者其他组织可以组成一个联合体，以一个投标人的身份共同投标。

18. 联合体
投标

招标人与中标后的联合体只签订一个承包合同。

（2）联合体各方的资质条件

1）联合体各方均应当具备承担招标项目的相应能力；

2）国家有关规定或者招标文件对投标人资格条件有规定的，联合体各方均应当具备规定的相应资格条件；

3）由同一专业的单位组成的联合体，按照资质等级较低的单位确定资质等级。

2. 联合体共同投标协议及其连带责任

成为投标联合体牵头单位（也称负责单位）的可能是：

（1）相对于投标联合体其他各成员方面而言在财务实力、技术装备力量等方面具有明显优势的法人或其他组织，一般情况下，此牵头单位承担招标工程项目的主体部分或关键部分。

（2）在投标联合体各成员方人力、物力和财力相差不多的情况下，牵头单位可能是承担招标工程项目较大部分的法人或其他组织。

（3）牵头单位为发起或召集单位。

不管成为牵头单位的是何种法人或其他组织，明确其权利和义务才是其作为牵头单位的关键。但是，牵头单位的具体的权利和义务内容因为招标工程项目以及投标联合体各方的千差万别而不可能由法律统一规定，其内容的确定依赖于投标联合体各方之间在意思自治、平等互利的基础上针对具体的招标工程项目而进行的协商和谈判。但在通常情况下，牵头单位可能享有以下几种权利：

（1）主要的组织与管理权。此种权利的行使可能通过几种方式，如牵头单位就招标的工程项目对其他各成员方直接行使组织与管理权，或者通过依据投标联合体共同投标协议的规定而成立的专门的组织管理机构（如项目领导小组）来行使。

（2）沟通与协调权。这既包括与招标方的沟通与协调，也包括与投标联合体内部各成员方的沟通与协调。

（3）收益权。这是指牵头单位因其承担的组织、管理、沟通、协调等工作而较其他各成员方有更多的支出和成本而应得的相应收益，比如完成招标的工程项目后所得的利润的一定比例。

与其所享有的权利相对应，牵头单位也应承担相应的义务：

（1）承担投标联合体内部的组织管理工作和沟通协调工作的义务。这既是牵头单位的一项权利，同时也是其不可推卸的义务。

（2）负担管理工作中的开支的主要部分或全部。

（3）就招标的工程项目对招标方承担主要责任。

作为投标联合体的牵头单位，通常也和其他成员方一样，承担招标工程项目的分工。在此意义上，包括牵头单位在内的投标联合体的各成员方既分工明确，又密切合作。在联合体内部，各成员方一般有以下的权利和义务。

各成员方应享有的权利包括：项目监督权、知情权、有关招标项目的信息共享权、收益权、项目分工中的协调权、损失追偿权、参与项目管理权等。

各成员方应承担的义务有：按期合格地完成所承担的项目任务并交付相应成果的义务、及时向牵头单位及其他各方通报所承担的项目任务的进展和实施情况并送达必要的文书的义务、支持和配合投标联合体各方顺利完成所承担的项目任务的义务、服从牵头单位或组织管理机构统一协调和合理调配的义务、排他性义务（即投标联合体各方就招标工程项目不得与投标联合体以外的其他任何第三方订立同类共同投标协议和建立同类合作关系的义务）、保密义务（即各成员方在对招标工程项目的投标、建设、维护等各阶段，对其所了解到的相关的技术秘密、合作内容及其他信息负有保密义务。一般情况下，此保密义务并不因投标联合体的解散而终止）。

联合体投标应符合以下规定：

（1）联合体各方应当签订共同投标协议，明确约定各方拟承担的工作和责任，并将共同投标协议连同投标文件一并提交招标人。

（2）联合体各方签订共同投标协议后，不得再以自己名义单独投标，也不得组成新的联合体或参加其他联合体在同一项目中投标。

（3）联合体参加资格预审并获通过的，其组成的任何变化都必须在提交投标文件截止之日前征得招标人的同意。

（4）联合体各方必须指定牵头人，授权其代表所有联合体成员负责投标和合同实施阶段的主办、协调工作。

（5）联合体中标的，联合体各方应当共同与招标人签订合同，就中标项目向招标人承担连带责任。

3. 联合体投标的优势

随着市场经济全球化程度越来越高，采购规模越来越大，特别是政府采购工程建设项目规模越来越大，对专业技术水平的要求也越来越高，数家企业组成联合体，以联合体的名义参与政府采购招标，可以填补企业资源和技术缺口，提高企业竞争力以及分散、降低企业经营风险，是适应当前市场环境的一种良好方式。

联合体中标，按照联合体的内部分工，各自按资质类别等级的许可范围承担工作，能够提高中标人的履约能力。防止中标人因履约能力差而转包采购项目，损害采购人的利益。

组成联合体投标是联合体各方的自愿行为，招标人不得强制投标人组成联合体共同投标。

组成联合体应注意以下几个问题：

（1）联合体对外以一个投标人的身份共同投标，联合体中标的，联合体各方应当共同与招标人签订合同，就中标项目向招标人承担连带责任。

（2）组成联合体投标是联合体各方的自愿行为。

4. 联合体的变更

由于联合体属于临时性的松散组合，在投标过程中可能发生联合体成员变更的情形。通常情况下，联合体成员的变更必须在投标截止时间之前得到招标人的同意，如联合体成员的变更发生在通过资格预审之后，其变更后联合体的资质需要进行重新审查。

3.1.5 投标的禁止性规定

1. 投标人之间串通投标

《招标投标法》第三十二条规定，投标人不得相互串通投标报价，不得排挤其他投标人的公平竞争，损害招标人或者其他投标人的合法权益。

《关于禁止串通招标投标行为的暂行规定》列举了投标人之间串通投标几种表现形式：

19. 投标的禁止
    性规定

（1）投标者之间相互约定，一致抬高或者压低投标报价；

（2）投标者之间相互约定，在招标项目中轮流以高价位或者低价位中标；

（3）投标者之间先进行内部竞价，内定中标人，然后再参加投标；

（4）投标者之间其他串通投标行为。

2. 投标人与招标人之间串通投标

《招标投标法》第三十八条规定，投标人不得与招标人串通投标，损害国家利益、社会公共利益或者他人的合法权益。

《关于禁止串通招标投标行为的暂行规定》列举了投标人与招标人之间串通招标投标的几种表现形式：

（1）招标者在开标前开启标书，并将投标情况告知其他投标者，或者协助投标者撤换标书，更改报价；

（2）招标者向投标者泄露标底；

（3）投标者与招标者商定，在招标投标时压低或者抬高标价，中标后再给投标者或者招标者额外补偿；

（4）招标者预先内定中标者，在确定中标者时以此决定取舍；

（5）招标者和投标者之间其他串通招标投标行为。

3. 投标人以行贿的手段谋取中标

《招标投标法》第三十二条规定，禁止投标人以向招标人或者评标委员会成员行贿的手段谋取中标。

投标人以行贿的手段谋取中标是违背招标投标法基本原则的行为，对其他投标人是不公平的。

投标人以行贿手段谋取中标的法律后果是中标无效，有关责任人和单位应当承担相应的行政责任或刑事责任，给他人造成损失的，还应当承担民事赔偿责任。

4. 投标人以低于成本的报价竞标

《招标投标法》第三十三条规定，投标人不得以低于成本的报价竞标。

投标人以低于企业成本的报价竞标，其目的主要是为了排挤其他对手。投标人的报价一般由成本、税金和利润三部分组成。当报价为成本价时，企业利润为零。如果投标人以低于成本的报价竞标，就很难保证工程的质量，各种偷工减料、以次充好等现象也随之产生。因此，投标人以低于成本的报价竞标的手段是法律所不允许的。

5. 投标人以非法手段骗取中标

《招标投标法》第三十三条规定，投标人不得以他人名义投标或者以其他方式弄虚作假，骗取中标。

在工程实践中，投标人以非法手段骗取中标的现象大量存在，主要表现在如下几方面：

（1）非法挂靠或借用其他企业的资质证书参加投标；

（2）投标文件中故意在商务上和技术上采用模糊的语言骗取中标，中标后提供低档劣质货物、工程或服务；

（3）投标时递交虚假业绩证明、资格文件；

（4）假冒法定代表人签名，私刻公章，递交虚假的委托书等。

3.2　建设工程施工投标程序

建设工程施工投标的主要工作程序包括及时获取投标信息、正确进行投标决策、编制资格审查文件、参加资格预审（资格预审项目）、购买分析招标文件、确定投标策略与技巧、投标报价、编制投标文件等。

3.2.1　投标的前期工作

投标的前期工作主要包括获取投标信息和投标决策两项内容。

1. 获取投标信息

20. 建设工程
施工投标实务

为使投标工作取得预期的效果，投标人必须及时获取投标信息。投标人获得投标信息的渠道很多，主要是通过大众媒体发布的招标公告或资格预审通告。

对于一些大型或复杂的项目，待看到招标公告或资格预审通告后，开始投标准备工作可能时间比较仓促，将使投标工作处于被动不利的地位。因此有必要提前介入，一方面做好平时的信息、资料积累整理工作，另一方面要提前跟踪项目。

获取投标项目信息的主要渠道有：

（1）国民经济建设的五年建设规划和投资发展规模；近一段时期国家的财政金融政策所确定的中央和地方重点建设项目；企业技术改造项目计划；

（2）如果建设项目已经立项，可从投资主管部门、建设银行、政策性金融机构处获取投资规划等信息；

（3）了解大型企业的新建、扩建和改建项目计划；

（4）收集同行业其他投标人对工程建设项目的意向；

（5）注意有关项目的新闻报道。

投标人必须认真分析招标信息的可靠性，证实招标项目确实已立项批准，资金已经落实等。

（1）开标前的资料准备工作

企业在投标开标前，为尽可能保障投标开标的顺利，必须做好详尽而全面的材料准备工作。企业在投标环节中，需要严格按照规范化的流程来准备详尽全面的资料。任何一方资料的缺失，都不利于投标工作的顺利推进。在实践过程中，这些文件主要包括招标阶段和投标阶段形成的文件以及开标阶段、评标阶段和定标阶段所需要的文件材料。第一，企业应该就招标流程中要求的文件或者材料等来进行全面化的准备，这是企业参与投标的关键基础。第二，企业应该结合自身的实际需求等，行之有效地准备不同类型的招标材料。招标材料的完整程度及招标文件的完善程度等，直接关系着招标工作能否科学、高效的开展。在完成投标文件密封准备工作后，应将开标时间、开标地点、招标机构联系人、联系电话、招标文件、投标文件明细清单及招标文件规定其他在开标前需要提交的资料（包括但不限于投标代表人身份证原件及复印件加盖公章、投标保证金缴纳凭证加盖公章或现金、公章、印盒、修改文具等）交由投标代表熟悉和备用。

（2）全面了解竞争对手的情况

对于投标企业而言，在开标前的准备工作是非常多元化的，招标文件及相关的资料准备仅仅是一个前提条件。为切实有效保障自身顺利中标，优化自身的中标率，除做好充分全面的材料准备外，还应该深入全面地了解竞争对手的实际情况。正所谓"知己知彼，百战百胜"，在招标投标过程中，企业所面临的挑战及竞争压力是非常大的。为了更好地推动企业自身的长效化发展，企业必须深入全面开展资料搜集及对手研判。企业在开标前，应该利用扎实的信息技术手段，通过专业化的软件等来科学全面地研判竞争对手的行业资质以及市场信誉度等。当然，在竞争对手资料收集及整合的过程中，除重点关注竞争对手的发展潜力及现阶段的市场认可度外，还应该研判竞争对手的不良信誉、企业征信、惩戒情况等。可以说，在开标前，企业必须深入、全面地了解竞争对手的实际情况，以此来更有成效地应对投标工作。

(3) 科学系统地分析项目环境

在招标投标的过程中，企业为了尽可能获得中标率，保障自身的发展成效，必须做好准备工作。若企业在开标前，不注重充分全面的准备工作和细致的评价等，必然会影响自身的中标率，也难以保障投标工作的顺利进行。为此，在实践过程中，企业应该对整个投标项目的经营环境等进行充分研判。在实践过程中，企业应就设计项目的实际情况、竞争情况、发展情况等来进行综合性的评价和分析。在具体化的分析过程中，可以采用SWOT科学分析法，着重有效地分析它的优劣势，继而更好地保障投标工作的顺利推进。同时，企业在开标前，还应该对评标委员会的人员构成及各个人员的专业背景等进行全方位的分析和资料搜集，继而获得较为精准的论证材料。

2. 投标决策

投标人除了证实招标信息真实可靠，同时还要调查了解招标人的信誉、实力等，根据了解到的信息，正确作出投标决策，减少工程实施过程中的风险。

正所谓不打无准备之仗，对于企业而言，在参加投标的过程中，必须做好详细而全面的开标准备工作。只有充分全面地做好开标前的详细准备，积极采用高效且科学化的投标策略及决策，才能够更好地提升企业的中标概率，进一步提升企业的发展空间。为此，在实践过程中，企业必须结合自身的发展经验和优劣势等，精准把握项目或者业务的优势，切实有效做好开标前各类准备工作，并积极构建科学的投标策略，全面开展投标决策，最大程度提升投标工作的质量与成效。

在招标投标的过程中，企业是非常重要且核心的参与主体。为切实有效地提升中标率，也为了更好地提升自身的经营成效，企业应该高度重视投标工作。对于企业而言，只有顺利中标，才有可能获得持续发展的机会，也才能够更好地推动项目工作的开展，进一步夯实自身的发展竞争力。若企业在投标的过程中，缺乏精细化的研判及分析，缺乏高效化的整合以及判断等，必然会直接影响投标工作的成效，也难以保障自身的投标力度。为此，企业除精准全面做好开标前的各项准备工作外，更要采用高效且科学化的投标策略决策，保障投标工作的顺利推进。

(1) 前期决策——是否投标

在招标投标工作的开展过程中，企业是投标工作的直接参与主体。为切实有效地提升自身的中标成效，也为了更好地保障自身的发展成效，企业应该在投标前，进行高效且科学化的前期决策。企业前期决策工作的成效，势必关系着企业投标工作的实施质量，也关系着投标工作的顺利推进。因此，企业在前期阶段，必须依托于科学且高效化的举措来进行决策，对是否投标等进行全方位的分析。

第一，在前期阶段，应该科学全面地分析招标项目的可行性与可能性。招标项目虽然备受欢迎，但对于企业而言，并不是每一个招标项目都适合企业。为此，企业应该科学全面研判及分析招标项目，尤其是要对照招标项目中需要的技术、人员、管理、设备等诸多方面的能力需求等进一步研判企业的发展现状。若企业自身实力较为薄弱，在这些方面缺乏足够的发展优势，那么企业即便中标，也无法保障项目的有序推进，甚至还会成为企业的发展负担。鉴于此，在招标项目的分析及研判的过程中，应该科学全面地把握自身的发展特征，行之有效地开展内外环境的分析，积极对照自身具备的发展实力及发展优势，切实有效地进行项目决策。

第二，在前期阶段，企业还应该对项目所处的市场环境等来进行高效化的分析。投标项目的科学有效化推进，离不开完善的市场环境支撑。企业只有立足于市场环境中来进行投标项目的分析及研判，才有可能决定是否进行投标。在市场行情的调研以及分析过程中，企业应该重点对项目开展所需要的劳动力市场、生产资料市场、生产技术市场、生产设备市场等进行综合全面的调研及分析。在综合且立体化的分析以及研判的基准之上，企业能够结合招标文件中的项目要求等来研判，若利润空间相对比较小，企业自然需要衡量是否进行投标；若中标后企业获得的利润空间相对比较大，企业自然需要全心全意进行投标，并且保障自己能够真正中标。

第三，在前期阶段，还应该成立专业化的项目班子。在投标项目的评价及研判的过程中，除保障整个评价工作的全面性及综合性外，更要依托于完善化的项目班子来进行系统化的评价。企业应该临时成立专业化的评价机构，通过多元化的实地调查以及市场分析等，借助于完善系统化的评价工具，切实有效地夯实评标工作。在充分全面地立足于完善化的评标工作后，企业还应该综合内外因素来为自己进行"打分"。若整体情况较为乐观，那么企业便可以组建专门团队来开展系统化的筹备工作。相反，若整体情况整体不佳，那么企业完全可以直接放弃，以此来规避人力物力的投入。

（2）中期决策——怎样投标

经过详细而全面的前期决策工作，企业已经进行了完善且系统化的综合分析、全面研判和参与投标的决策，那么这一阶段的工作重点或者决策目标，是如何进行投标。对于企业而言，投标工作是一项严谨且科学化的工作，必须依托于科学且精细化的投标策略，才能够保障投标工作的顺利推进。

第一，企业应严格按照投标须知来进行响应。在投标过程中，事实上企业属于"弱势地位"。企业没有太多的发言权，企业必须遵守投标须知以及相关的文件精神。若企业不按照投标须知来科学全面地统筹相关的材料，不对照投标要求来进行精细化的准备等，必然会受到一定的"惩戒"。毕竟，投标须知中的很多条款都是硬性指标，投标企业没有商量的余地，只能无条件地遵守。

第二，企业应深入全面管控好投标文案。在投标的过程中，作为投标人的企业，在完全响应投标须知的基础上，还应该充分全面地结合招标项目需求以及自身的发展优势等，科学全面地构建投标方案。可以说，投标方案的完整化程度，投标方案的精细化程度等，都直接关系着招标投标工作的顺利推进。对于投标人而言，投标方案是投标企业进行预算编制工作的重要立足点，也是招标人评价投标人的重要现实依据。

第三，采用精细化的投标策略。在企业投标的过程中，投标人为了尽可能提升中标概率，也为了更好地保障企业自身的经营发展成效，必须行之有效地采用多元化、科学化的投标策略。在投标过程中，投标人可以选用的投标策略是非常多元化的，包括以信取胜、以快取胜、以廉取胜、以改进设计取胜、以退为进取胜等。同时，报价的技巧也有很多，在选用报价方法的过程中，应该结合具体化的项目任务等来采用不同层次、不同特征的报价方法。比如在实践过程中，可以采用不平衡报价法，也可以采用多方案报价法。不同的报价方法，往往会产生差异化的效果。比如在实践过程中，可以进行标前模拟报价。为此，在实践过程中，企业应该立足于自身的发展特征和运营特点，行之有效地采用不同类型的报价方法。

（3）后期决策——把握机会

在企业投标的过程中，开标工作的开展，从表面上来看，标志着整个招标投标工作的结束。但事实上，对于落选的投标人而言，仍应该做好关键性的后期决策工作。对于投标人而言，在投标的过程中，即便已经开标，但仍然需要精准全面地把握好最后的机会，以此来帮助自己挽回颓势。在后期决策的过程中，投标人应该做好详细全面的准备工作。投标人不能够因为已经开标，或者设计项目已经流产，就采用蛮横的态度来应对可能出现的询标情况。而应该始终保持谦和的态度来应对询标工作，以精准而全面化的准备作业，更好地应对询标作业。当通过询标作业，或者商议通过变革自身的投标策略等，能够帮助自己重新获得中标的机会，那么企业应该予以重新考量及评价，尤其是要精准全面地分析自身的优劣势，以此来重新应对投标工作。总而言之，在后期决策的过程中，作为投标人的企业，同样需要进行关键性的决策，从自身整体发展以及布局的角度出发，行之有效地构建科学的决策方案，尽可能保障自身的投标成效。

3.2.2 编制资格审查文件

资格审查可以分为资格预审和资格后审。资格预审在投标前进行，而资格后审在开标后进行。二者审查的内容与标准是相同的。

资格预审，是指在投标前对潜在投标人进行的资格审查。

资格后审，是指在开标后对投标人进行的资格审查。

21. 资格预审文件

1. 资格预审审查申请文件的组成

资格预审是投标人投标过程中首先要通过的第一关，资格预审一般按招标人所编制的资格预审文件内容进行审查。一般的资格预审申请文件包括如下资料：

（1）资格预审申请函；

（2）法定代表人身份证明或附有法定代表人身份证明的授权委托书；

（3）联合体协议书；

（4）申请人基本情况表；

（5）近年财务状况表；

（6）近年完成的类似项目情况表；

（7）正在施工和新承接的项目情况表；

（8）近年发生的诉讼及仲裁情况；

（9）其他材料（如各种奖励和处罚等）。

2. 资格预审申请文件的编制要求

（1）投标人应按"资格预审申请文件格式"编写资格预审申请文件，如有必要可以增加附页。申请人须知前附表规定接受联合体资格预审申请的，申请的表格和资料应包括联合体各方的相关情况。

（2）法定代表人授权委托书必须由法定代表人签署。

（3）申请人基本情况表应附申请人营业执照副本及其年检合格的证明材料、资质证书副本和安全生产许可证等材料的复印件。

（4）近年财务状况表应附经会计师事务所或审计机构审计的财务会计报表，包括资产负债表、现金流量表、利润表和财务情况说明书的复印件，具体年份要求按申请人须知前附表。

（5）近年完成的类似项目情况表应附中标通知书或合同协议书、工程接收证书（工程竣工验收证书）的复印件，具体年份要求按申请人须知前附表。每张表格只填写一个项目，并标明序号。

（6）正在施工和新承接的项目情况表应附中标通知书或合同协议书复印件。每张表格只填写一个项目，并标明序号。

（7）近年发生的诉讼及仲裁情况应说明相关情况，并附法院或仲裁机构作出的判决、裁决等有关法律文书复印件，具体年份要求按申请人须知前附表。

3. 资格预审申请文件的装订与递交

申请人编制完整的资格预审申请文件后，用不褪色的材料书写或打印。由申请人的法定代表人或其他委托代理人签字或盖单位章。资格预审申请文件中的任何改动之处，应加盖单位章或由申请人的法定代表人或其委托代理人签字确认，具体要求按申请人须知前附表。

资格预审申请文件正本一份，副本份数按申请人须知前附表。正本和副本的封面上应清楚标记"正本"或"副本"字样，当正本与副本不一致时，以正本为主。

资格预审申请文件应编制目录，正本与副本应分别装订成册，按申请人须知前附表要求装订。

资格预审申请文件的正本与副本应分开包装，加贴封条，在封套的封口处加盖申请人单位章，在资格预审申请文件的封套上清楚地标记"正本"或"副本"字样，其他应写明的内容按申请人须知前附表。

未按要求密封和标注标记的资格预审申请文件，招标人不予受理。

资格预审申请文件的递交截止时间与地点按申请人须知前附表要求。逾期送达或者未送达指定地点的资格预审申请文件，招标人不予受理。

4. 编制资格预审申请文件应注意的细节

承包商在准备资格预审文件时应注意：

（1）注意日常积累。平时收集整理与一般资格预审有关的资料，针对具体项目要求再补充完善就比较方便。

（2）加强填表时的分析。针对工程特点认真做好重点资料，又能反映出本公司的施工经验、施工水平及组织管理能力。

招标人根据投标申请人所提供的资料，对投标申请人进行资格审查。在这个过程中，投标申请人应根据资格预审文件，积极准备和提供有关资料，做好信息跟踪工作，及时补送信息，争取通过资格预审，只有经审查合格的投标人才具备参加投标的资格。

5. 资格预审和资格后审的区别

资格预审和资格后审的区别主要包含了以下三方面：

（1）审查的时间不同。资格预审是在发售招标文件以前审查。资格后审是在开标之后评标阶段审查。

（2）评审人不同。资格预审评审人可以是招标人或者是资格审查委员会。资格后审评审人一般是评标委员会。

（3）审查的方法不同。资格预审用合格制或者有限数量制审查。资格后审用合格制审查。

3.2.3 购买分析招标文件

投标人在通过资格预审后，在规定的时间内向招标人购买招标文件。购买招标文件时，投标人应按招标文件的要求提供投标保证金、图纸押金等。

招标文件是投标的主要依据，招标文件各具体的规定往往集中在投标须知与合同条款里。投标须知是投标人进行工程项目投标的指南，集中体现招标人对投标人的条件和基本要求；合同条款是工程项目承发包合同的重要组成部分，是整个投标过程必须遵循的准则。购买招标文件后，投标人应分析研究招标文件中的所有条款，重点放在投标须知、合同条件、设计图纸、工程范围及工程量表等，注意投标过程中各项活动的时间安排，明确招标文件中对投标报价、工期、质量等的要求及无效标书的条件等主要内容，对可能发生疑义或不清楚的地方，应向招标人书面提出。

3.2.4 投标准备工作

招标文件购买后，投标人应进行具体的投标准备工作，主要包括组建投标班子、参加现场踏勘、参加答疑会等活动。

1. 组建投标班子

为了在投标竞争中获得胜利，投标人在工程投标前，需要建立专门的投标班子来实施投标的全部活动过程。投标班子中的人员应包括施工管理、技术、经济、财务、法律法规等方面的人才。投标班子成员业务上应精干、富有经验、受过良好培训、有娴熟的投标技巧；素质上应工作认真、对企业忠诚。投标报价是技术性很强的工作，投标班子应有一定的稳定性，投标人认为必要时，可以请具有资质的投标代理机构代理投标或策划，以提高中标概率。

2. 参加现场踏勘

投标人应按照招标文件规定的时间，踏勘拟施工的现场。现场踏勘主要从以下四方面了解工程的有关资料：

（1）自然地理条件。包括施工现场的地理位置，地形、地貌，用地范围，气象、水文情况，地质情况，地震及设防烈度，洪水、台风及自然灾害情况等。

（2）市场情况。包括建筑材料与设备、施工机械设备、燃料动力和生活用品的供应状况、价格水平与变动趋势，劳务市场状况等。

（3）施工条件。包括临时设施、供水、供电、进场道路、通信设施现状，附近现有建（构）筑物、地下和空中管线对施工的限制等。

（4）其他条件。包括交通运输条件，其他承包商和分包商的情况，工地附近的治安情况等。交通条件直接关系材料设备的到场价格，对造价有显著影响。

3. 参加答疑会

答疑会又称招标预备会或标前会议。答疑会的目的是解答投标人对招标文件及现场踏勘中所提出的问题，并对图纸进行交底与解释。投标人在认真分析招标文件及现场踏勘后，应尽量使投标过程中可能遇到的问题得到澄清和解答。

3.2.5　建设工程投标文件的编制和提交

《工程建设项目施工招标投标办法》第三十六条规定，投标人应当按照招标文件的要求编制投标文件。投标文件应当对招标文件提出的实质性要求和条件作出响应。

建设工程投标人应完全按照招标文件的要求编写投标文件，一般不带任何附加条件，否则会导致废标。

从合同订立过程分析，招标文件属于要约邀请，投标文件属于要约，目的在于向招标人发出订立合同的意愿。

投标人应高度重视投标文件的编制及提交工作。

1. 建设工程投标文件的组成

投标文件一般由商务标、技术标、附件构成。商务标是结合企业实际状况编制的投标报价书；技术标主要是结合项目施工现场条件编制的施工组织设计；附件是投标人相关证明资料。

（1）商务标

商务标部分主要包括投标函及投标函附录、法定代表人资格证明书、法定代表人授权委托书、联合体协议书、投标保证金、已标价工程量清单与报价表。

（2）技术标

投标文件的技术标部分主要包括施工组织设计、项目管理机构、拟分包项目情况表。

（3）附件

投标文件的附件包括资格审查资料、投标人须知前附表规定的其他材料。

投标人必须使用招标文件统一提供的投标文件格式，但表格可以按同样格式扩张。

2. 投标文件的编制

（1）编制投标文件的准备工作：

编制投标文件前，应仔细阅读招标文件中的投标须知、投标书及附录、工程量清单、技术规范等部分，用书面形式将需要得到业主解释澄清的问题提交业主并得到答案；收集现行定额、综合单价、取费标准、市场价格信息和各类有关的标准图集，并熟悉政策性调价文件。

（2）复核、计算工程量：

计算或复核工程量的方法有两种情形：一种是招标人在招标文件中给出了具体的工程量清单供投标人报价时使用，这种情况下，投标人只需根据图纸等资料对给定工程量的准确性进行复核，为投标报价提供依据。如果发现某些工程量有较大的出入或遗漏，投标人应向招标人提出，要求招标人更正或补充，如果招标人不作更正或补充，投标人投标时应注意调整单价以减少实施过程中由于工程量调整带来的风险。另一种情况是，招标文件中未给出具体的工程量清单，只给相应工程的施工图纸。投标人应根据给定的施工图纸，结合工程量计算规则自行计算工程量。自行计算工程量时，应严格按照工程量计算规则的规定进行，不能漏项，不能少算或多算。

（3）响应招标文件实质性条款：

招标文件响应实质性条款包括对合同主要条款的响应、对提供资质证明的响应、对采用的技术规范的响应等。

（4）根据工程类型编制施工规划或施工组织设计：

投标过程中必须编制全面的施工规划，包括施工方案、施工方法、施工进度计划、施工机械、材料、设备、劳动力计划等。施工规划的主要制定依据是施工图纸，编制的原则应在保证工程质量和工期的前提下，使成本最低、利润最大。

施工方案是招标人了解投标人的施工技术、管理水平、机械装备的途径，投标人应认真对待。

（5）计算投标报价（内容详见 3.4 建设工程投标文件技术标编制）。

（6）用软件配合完成投标文件的编制，打印装订成册，形成投标文件，同时提供电子评标的投标文件资料。

3. 办理投标担保

投标担保，是指招标人为防止投标人不审慎进行投标活动而设定的一种担保形式。因为招标人不希望投标人在投标有效期内随意撤回标书或中标后不能提供履约保证和签署合同。

4. 投标文件的提交、补充、修改和撤回

投标文件的送达递交是整个招标投标活动中一项重要的法律行为，与投标人的利益密切相关。投标人在送达投标文件时应注意：投标截止日期前送达投标文件；要求招标人签收投标文件。

《招标投标法》第二十九条规定，投标人在招标文件要求提交投标文件的截止时间前，可以补充、修改或者撤回已提交的投标文件，并书面通知招标人。补充、修改的内容为投标文件的组成部分。

在投标过程中，如果投标人投标后，发现在投标文件中存在有严重错误或者因故改变主意，可以在投标截止时间前撤回已提交的投标文件，也可以修改、补充投标文件，这是投标人的法定权利。

撤回投标文件的书面通知应当在投标截止时间之前送达，投标人在投标截止日期后修改或撤回投标文件的，招标人有权没收其投标保证金。

> 投标文件的提交、补充、修改和撤回的注意事项
> （1）应当在招标文件要求提交投标文件的截止时间前进行，不是在招标人承诺（即发出中标通知书）之前；
> （2）开标应当在招标文件确定的提交投标文件截止时间的同一时间公开进行，故在开标之前可以自由补充、修改或撤回投标文件；
> （3）补充和修改的投标文件是全部投标文件的组成部分，以相同方式送达；

（4）撤回投标文件后，投标人可以在提交投标文件的截止时间前重新编制和提交投标文件；

（5）在开标后撤回投标文件的，投标人交纳的履约保证金可能被没收，甚至承担赔偿责任。

相关法律知识

《招标投标法》中有关内容的规定：

第二十五条　投标人是响应招标、参加投标竞争的法人或者其他组织。

依法招标的科研项目允许个人参加投标的，投标的个人适用本法有关投标人的规定。

第二十六条　投标人应当具备承担招标项目的能力；国家有关规定对投标人资格条件或者招标文件对投标人资格条件有规定的，投标人应当具备规定的资格条件。

第二十七条　投标人应当按照招标文件的要求编制投标文件。投标文件应当对招标文件提出的实质性要求和条件作出响应。

招标项目属于建设施工的，投标文件的内容应当包括拟派出的项目负责人与主要技术员的简历、业绩和拟用于完成招标项目的机械设备等。

第二十八条　投标人应当在招标文件要求提交投标文件的截止时间前，将投标文件送达投标地点。招标人收到投标文件后，应当签收保存，不得开启。投标人少于三个的，招标应当依照本法重新招标。

在招标文件要求提交投标文件的截止时间后送达的投标文件，招标人应当拒收。

第三十条　投标人根据招标文件载明的项目实际情况，拟在中标后将中标项目的部分非主体、非关键性工作进行分包的，应当在投标文件中载明。

第三十一条　两个以上法人或者其他组织可以组成一个联合体，以一个投标人的身份共同投标。

3.2.6　编制投标文件应注意的事项

1. 投标文件格式

投标人编制投标文件时必须采用招标文件提供的投标文件表格格式。填写表格应符合招标文件的要求，凡要求填写的空格必须填写，否则将被视为放弃该项要求。重要的项目或数字如工期、质量等级、价格等未填写的，将被作为无效或作废的投标文件处理。投标文件编制时要细致，响应招标文件要求，不犯低级错误。这要求每一个建筑行业从业人员，都要有工匠精神。

投标文件的包括：

（1）投标承诺书；

（2）商务标（各标段工程量清单及其报价明细格式）；

（3）法定代表人身份证明书；

（4）法定代表人授权委托书；

（5）资信标；

（6）技术标。

2. 投标文件份数

编制的投标文件"正本"仅一份，"副本"则按招标文件中要求的份数提供，同时要明确标明"投标文件正本"和"投标文件副本"字样。投标文件正本和副本如有不一致，以正本为准。

3. 投标文件的签署与印章

投标文件应打印清楚、整洁、美观。所有投标文件均应由投标人的法定代表人签字、加盖印章，并加盖法人单位公章。

4. 投标文件的校核

填报的投标文件应反复校核，保证分项和汇总计算均无错误。全套投标文件均应无涂改和行间插字，除非这些删改是根据招标人的要求进行的，或者是投标人造成的必须修改的错误。修改处应由投标文件签字人签字证明并加盖红印鉴。

5. 投标文件的包封

投标文件应严格按照招标文件的要求进行包封，避免由于包封不合格造成废标。

如招标文件规定投标保证金为合同总价的某百分比时，开具投标保函不要太早，以防泄漏报价。认真对待招标文件中关于废标的条件，以免被判为无效标而前功尽弃。

3.3　建设工程投标文件商务标部分示例

3.3.1　投标文件商务标部分基本组成

投标文件商务标部分主要包括以下内容：

（1）投标函和投标函附录。

（2）法定代表人资格证明书。

（3）授权委托书。

（4）联合体协议书。

（5）投标保证金。

（6）已标价工程量清单与报价表（投标报价）。

（7）承包价编制说明（含让利条件说明）。

（8）投标承诺书。

22. 投标文件
商务标部分示例

1. 投标函

投标函是由投标单位授权的代表签署的一份投标文件，对业主和承包商均具有约束力的合同重要部分。投标函一般格式见【例3-1】。

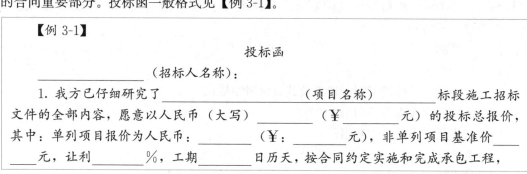

【例 3-1】

投标函

_____（招标人名称）：

1. 我方已仔细研究了_____（项目名称）_____标段施工招标文件的全部内容，愿意以人民币（大写）_____（¥_____元）的投标总报价，其中：单列项目报价为人民币：_____（¥：_____元），非单列项目基准价_____元，让利_____％，工期_____日历天，按合同约定实施和完成承包工程，修补工程中的任何缺陷，工程质量达到_____。

2. 我方承诺在投标有效期内不修改、撤销投标文件。

3. 随同本投标函已提交投标保证金收据一份，金额为人民币（大写）_____
（￥_____元）。

4. 如我方中标：

（1）我方承诺在收到中标通知书后，在中标通知书规定的期限内与你方签订合同。

（2）随同本投标函递交的投标函附录属于合同文件的组成部分。

（3）我方承诺按照招标文件规定向你方递交履约担保。

（4）我方承诺在合同约定的期限内完成并移交全部合同工程。

5. 我方在此声明，所递交的投标文件及有关资料内容完整、真实和准确，且不存在"投标人须知"第×××项规定的任何一种情形。

6. _____（其他补充说明）。

投标人：_____（盖单位章）

法定代表人或其委托代理人：_____（签字）

地址：_____

网址：_____

电话：_____

传真：_____

邮政编码：_____

_____年____月____日

序号	项目内容	合同/条款号	约定内容	备注
1	项目经理			
2	履约保证金			
3	施工准备时间			
4	误期违约金额			
5	提前工期奖			
6	施工总工期			
7	质量标准			
8	工程质量违约金最高金额			
9	缺陷责任期			

2. 投标函附录

投标函附录是对合同条件规定的重要要求的具体化。投标函附录一般格式见【例 3-2】。

【例 3-2】

投标函附录

投标人：_____（盖章）_____ 企业法定代表人或交易员（签字、盖章）

3. 投标保证金

投标保证金可选择银行保函、担保公司、证券公司、保险公司提供担保书。

4. 投标承诺书

投标承诺书见【例 3-3】。

【例 3-3】

投标承诺书

项目名称：_____

本单位已详细阅读上述工程之招标文件，现自愿就参加上述工程投标有关事项向招标单位郑重承诺如下：

1. 遵守中华人民共和国、××省、××市有关招标投标的法律法规规定，自觉维护建筑市场正常秩序。若有违反，同意被废除投标资格并接受处罚。

2. 遵守××市公共资源交易中心××分中心各项管理制度，自觉维护公共资源交易中心工作秩序。若有违反，同意被废除投标资格并接受处罚。

3. 服从招标有关议程事项安排，服从招标有关会议现场纪律。若有违反，同意被废除投标资格并接受处罚。

4. 接受招标文件全部条款及内容，未经招标单位允许，不对招标文件条款及内容提出异议。若有违反，同意被废除投标资格并接受处罚。

5. 保证投标文件内容无任何虚假。若评标过程中查有虚假，同意作无效投标文件处理并被没收投标保证金，若中标之后查有虚假，同意被废除授标并被没收投标保证金。

6. 保证投标文件不存在低于成本的恶意报价行为。

7. 保证无论中标与否，均不向招标单位查询追问原因。

8. 保证按照招标文件及中标通知书规定商签施工合同及提交履约保证。如有违反，同意接受招标单位违约处罚并被没收投标保证金。

9. 保证中标之后不转包及使用挂靠施工队伍，若有分包将征得建设单位同意。

10. 保证中标之后按照投标文件承诺派驻管理人员及投入机械设备，如有违反，同意接受建设单位违约处罚并被没收履约保证金。

11. 保证中标之后密切配合建设单位及监理单位开展工作，服从建设单位驻现场代表及现场监理人员的管理。

12. 保证按照招标文件及施工合同约定原则处理造价调整事宜，不会发生签署施工合同之后恶意提高造价的行为，在投标期间或履约合同期间，因纠纷被法院等执行的一切后果自负。

联系地址：　　　　　　　　　　　　　　　　邮编：

联系人：　　　　　　　　　　　　　　　　　电话：

开户银行：　　　　　　　　　　　　　　　　账号：

投标单位：（公章）　　　　　　　　　　法定代表人或交易员：（签字、盖章）

　　　　　　　　　　　　　　　　　　　　　　　　_____年___月___日

5. 法定代表人资格证明书

法定代表人资格证明书一般格式见【例 3-4】。

【例 3-4】

法定代表人资格证明书

单位名称：

地址：

姓名：_____　性别：_____　年龄：_____　职务：_____

系_____的法定代表人。为施工、竣工和保修的工程，签署上述工程的投标文件，进行合同谈判、签署合同和处理与之有关的一切事务。

特此证明。

投标人：_____（盖公章）

日期：_____年___月___日

6. 授权委托书

授权委托书一般格式见【例 3-5】。

【例 3-5】

授权委托书

本授权委托书声明：我_____（姓名）系_____（投标人名称）_____的代表人，现授权委托_____（单位名称）的_____（姓名）为我公司签署本工程已递交的投标文件的法定代表人的授权委托代理人。代理人全权代表我所签署的本工程已递交的投标文件内容我均承认。

代理人无转委托权，特此委托：

代理人姓名：_____年龄：_____

身份证号码：_____ 职务：_____

投标人：_____（盖公章）

法定代表人：_____（签字或盖章）

授权委托日期：_____ 年____ 月____ 日

3.4 建设工程投标文件技术标编制

技术标，包括全部施工组织设计内容，用以评价投标人的技术实力和建设经验。技术复杂的项目对技术文件的编写内容及格式均有详细要求，应当认真按照规定填写标书文件中的技术部分，包括技术方案、产品技术资料、实施计划等。

23. 建设工程投标文件技术标编制

技术标是用来评价判断投标方的技术能力，主要是在施工组织设计方面，包括施工组织设计等为完成招标文件规定的工程所采取的各种技术措施，反映了企业的施工组织能力、技术管理能力、施工方案及工艺水平等。技术标是投标人对招标人的施工组织承诺，对实施性施工组织设计及工程的实施具有指导与约束作用。

3.4.1 查阅招标文件和图纸

拿到招标文件和图纸后应仔细阅读一遍，然后重点标记，深入理解，以便编标过程中能够完全响应招标文件与业主、设计者的要求。

充分了解招标文件的内容和要求：

1. 工程的位置、规模、结构形式与特点。

2. 施工环境条件以及施工的重点和难点。

3. 工期、质量、安全、环保、文明施工等要求。

4. 业主的精神和设计者的设计意图。

3.4.2 制定投标技术方案

在工程技术投标阶段，投标技术方案的编制水平直接决定技术标的评分，从而影响评标结果。投标技术方案应做到合理、优化，并完全响应招标文件的要求和紧扣设计者或业主的意图。

一份投标技术方案主要包括四大部分：

1. 工程总体安排

首先对照招标文件，对本工程的施工目标，如计划工期、质量等级、安全、文明施工目标等作出响应及承诺，然后对工程概况、特点等进行阐述和分析，作出有针对性的施工部署、资源配置、现场布置、施工进度安排等。这一部分直接体现工程特点，是体现标书编制水平的关键，应合理安排，详细阐述。

2. 具体施工方法

对工程具体的施工方法的阐述应做到详略得当，对通用、常规的内容进行精简，对关键工序、特殊部位的施工应详细加以描述，并对可能在工程中运用的技术专利、施工工法及新技术、新方法等进行阐述。这一部分体现的是技术水平和实力，应具体展示，精确论证。

3. 保证措施部分

组织机构、工期、质量、安全、文明施工等保证措施要面面俱到，不可遗漏。这部分应密切结合招标文件，以满足招标文件、当地相关部门要求及现行规范为前提进行阐述。这一部分体现的是投标单位的规模和实力，也体现了公司的管理模式和管理水平，是投标方案不可缺少的一部分。

4. 招标文件要求的其他内容

这一部分内容因招标工程而异，有时会从某一方面体现招标人对本工程的关注点，也就是本方案的阐述重点，应高度重视。

3.4.3　编写技术标书

技术标主要包括：

1. 技术大纲。

2. 技术文件主要包括：

（1）编制依据与原则，工程概况，施工总体说明。

（2）场地布置与临时工程、施工方案图，用地与电力需求计划。

（3）进度安排与网络计划，材料供应与劳动力使用计划。

（4）机械设备、测量试验仪器配置。

（5）主要工程项目的施工方法、施工工艺。

（6）质量、安全体系，文明施工与工期保证。

（7）施工工艺框图与各种表格。投标工作是一个系统工程，既要分工，又要合作、协调与配合，才能作出一份好的标书。

3. 服务承诺。

4. 附图、附表（施工进度计划表、施工总平面布置图等）。

5. 其他。

3.5　建设工程投标报价

投标报价是投标活动的重要环节，关系投标人能否中标及中标后的经济效益。投标报价包括两个方面：一是投标的前期决策，主要是根据了解的信息确定是否参加投标；二是确定参加投标后，就应该仔细分析各种因素，确定如何发挥自身优势参与投标进行决策。

24. 建设工程投标报价

3.5.1　投标的分类

按投标性质划分，投标可以分为风险标和保险标；按投标的经济效益划分有赢利标、保本标和亏损标。

风险标：投标工程的承包难度大、风险大，且技术、设备、资金上都有未解决的问题。但由于队伍窝工，或因为工程赢利丰厚，或为了开拓新技术领域而决定参加投标，即是风险标。中标后，问题解决得好，可取得较好的经济效益，锻炼出一支好的施工队伍，使企业更上一层楼；解决得不好，企业的信誉就会受到损害，严重者可能导致企业亏损以致破产。因此，投风险标必须审慎从事。

保险标：对所投的标可以预见的各类风险，从技术、设备、资金等都有良好的解决对策，谓之保险标。企业经济实力较弱，经不起失误的打击，则往往投保险标。我国施工企业多数都愿意投保险标，特别是在国际工程承包市场上都比较保险。

赢利标：如果招标工程既是本企业的强项，且又是竞争对手的弱项；或建设单位意向明确；或本企业任务饱满，利润丰厚，考虑让企业超负荷运转时，此种情况下可投赢利标。

保本标：当企业无后继工程，或已经出现部分窝工，必须争取中标；招标的工程项目本企业无优势可言，竞争对手又多，该投保本标。

亏损标：当企业需要拓展新的市场时，可考虑适当的亏损。亏损标的最终目的是企业长远利益的考虑。

3.5.2 建设工程投标报价

建设工程投标报价是建设工程投标中的重要部分，是整个建设工程投标活动的核心环节，报价的高低直接影响着能否中标和中标后是否能够获利。

1. 影响投标报价的主要因素

在建设工程投标过程中，有多种因素影响投标报价，只有综合分析各种因素，才能做出正确的投标报价。

（1）影响投标报价的内部因素

影响投标报价的内部因素主要包括技术实力、经济实力、管理实力以及信誉实力等。技术实力不但决定了承包商能承揽工程的技术难度和规模，也是实现较低的成本、合理的工期、优良的工程质量的保证，直接关系承包商在投标中的竞争实力；经济实力主要包括充裕的流动资金、一定数量的固定资产和机具设备，是否有承担不可抗力带来的风险的财力等，经济实力决定了承包商承揽工程规模的大小；管理实力决定着承包商能否根据合同的要求高效率地完成项目管理的各项目标，通过项目管理活动为企业创造良好的经济效益和社会效益；承包商的信誉是企业的无形资产，是企业竞争的一项重要内容。企业的履约情况、获奖情况、资信和经营作风都是建设单位选择承包商考虑的因素。

（2）影响投标报价的外部因素

影响投标报价的外部因素包括建设单位情况、竞争对手情况、市场环境情况、法律法规情况、监理工程师情况、工程风险情况等。建设单位情况应考虑其合法地位、支付能力、履约信誉；应分析竞争对手数量、实力、优势等，竞争对手直接决定了竞争的激烈程度，竞争激烈，中标率低，投标的风险及费用大，承包商的经济效益就低，竞争对手的情况是对投标报价影响最大的因素；工程造价中劳动力、建筑材料、设备及施工机械等直接成本占的比重很大，项目所在地的工、料、机的市场价格对承包商的影响也不可忽视，都是投标报价时应重视的因素。

2. 投标报价的组成

建设工程投标报价主要由工程成本（直接费、间接费）、利润、税金组成。直接费是指工程施工中直接用于工程实体的人工、材料、设备和施工机械使用费等费用的总和；间接费是指组织和管理施工所需的各项费用，直接费和间接费共同构成工程成本；利润指建筑施工企业承担施工任务时应计取的合理报酬；税金是从事生产经营活动的施工企业，应向国家税务部门缴纳的增值税、城市建设维护费及教育费附加等。

3. 投标报价的计算依据

（1）招标单位提供的招标文件。

（2）招标单位提供的设计图纸及有关的技术说明书等。

（3）国家及地区颁发的现行建筑、安装工程预算定额及配套的各种费用定额、规定等。

（4）地方现行材料预算价格、采购地点及供应方式等。

（5）招标单位书面答复的有关资料。

（6）企业内部制定的有关取费、价格等的规定和标准。

（7）其他与报价有关的政策、规定及调整系数。

4. 投标报价的计算方法

投标报价计算之前，投标人应充分熟悉招标文件和施工图纸，审核招标单位提供的工程量清单，按照招标文件的要求及报价费用的构成，结合施工现场条件和企业自身情况自主报价。

投标报价的编制方法有两种：一种是定额计价法（工料单价法），另一种是工程量清单计价法（综合单价法）。定额计价法是我国长期以来采用的一种报价方法，是以政府定额或企业定额为依据进行编制的；工程量清单计价法是一种国际惯例计算报价模式，每一项单价中综合了各种费用。我国的投标报价模式正由定额计价法逐渐向工程量清单计价法过渡。在过渡时期各地普遍采用综合单价法编制报价。

（1）定额计价法

定额计价法是以定额为依据，按照定额规定的分部分项子目逐项计算工程量，套用定额基价确定直接费，然后按照规定取费标准计算间接费、利润和税金的计价方法。

定额计价法的计算步骤为：

1）根据招标文件的要求，选定预算定额、费用定额；

2）根据图纸及说明计算出工程量（如果招标文件中已给出工程量清单，校核即可）；

3）套预算定额计算直接工程费，费用定额及有关规定计算措施费、间接费、利润、税金等；

4）汇总标价。

计算程序及内容见表 3-1。

定额计价法计算程序及内容　　　　　　　　　　　　　　　　　表 3-1

项目			计算方法	备注
直接工程费	直接费	人工费	$\sum$（预算定额人工费×分项工程量）	
		材料费	$\sum$（预算定额材料费×分项工程量）	
		机械费	$\sum$（预算定额机械费×分项工程量）	
	其他直接费		（人工费＋材料费＋机械费）×相应费率	
	现场经费			

续表

项目		计算方法	备注
间接费	企业管理费	直接工程费×相应费率	
	财务费		
	其他费		
计划利润		(直接工程费＋间接费)×计划利润率	
税金		(直接工程费＋间接费＋计划利润率)×税率	
报价合计		直接工程费＋间接费＋计划利润＋税金	

（2）工程量清单计价法

工程量清单计价法是由招标人按照《建设工程工程量清单计价规范》GB 50500—2013的要求及施工图提供工程量清单，投标人对工程量清单进行核定，依据工程量清单、施工图纸、企业定额以及市场价格自主报价、取费，从而获得建筑安装工程造价的一种计价模式。

工程量清单计价法编制投标报价的步骤为：

1）根据企业定额或参照预算定额及市场材料价格，确定各分部分项工程量清单的综合单价，该单价包含完成清单所列分部分项工程的成本、利润和税金；

2）以给定的各分部分项工程的工程量及综合单价确定工程费；

3）结合投标企业自身的情况及工程的规模、质量、工期要求等，确定其他和工程有关的费用。

（3）综合单价法

综合单价法是在定额计价法的基础上，重新划分费用项目，预算定额中的基价包含了形成工程实体的人工费、材料费、机械费和管理费，即综合基价。把施工措施费单列，计算程序及内容见表 3-2。

综合单价法计算程序及内容　　　　　　　　表 3-2

序号	费用名称	计算公式	金额(元)	备注
1	分部分项工程费	$\sum$(分部分项工程数量×综合单价)		
1.1	其中 人工费＋机械费	$\sum$分部分项(人工费＋机械费)		
2	措施项目费			
2.1	施工技术措施项目	$\sum$(技术措施工程数量×综合单价)		
2.1.1	其中 人工费＋机械费	$\sum$技措项目(人工费＋机械费)		
2.2	施工组织措施项目	按实际发生项之和进行计算		
2.2.1	其中 安全文明施工基本费			
3	其他项目费			
3.1	暂列金额	3.1.1＋3.1.2＋3.1.3		
3.1.1	标化工地增加费	按招标文件规定额度列计		
3.1.2	优质工程增加费	按招标文件规定额度列计		
3.1.3	其他暂列金额	按招标文件规定额度列计		

续表

序号	费用名称	计算公式	金额(元)	备注
3.2	暂估价	3.2.1＋3.2.2＋3.2.3		
3.2.1	材料(工程设备)暂估价	按招标文件规定额度列计(或计入综合单价)		
3.2.2	专业工程暂估价	按招标文件规定额度列计		
3.2.3	专项技术措施暂估价	按招标文件规定额度列计		
3.3	计日工	3.3.1＋3.3.2＋3.3.3		
3.4	施工总承包服务费	3.4.1＋3.4.2		
3.4.1	专业发包工程管理费	$\sum$计算基数×费率		
3.4.2	甲供材料设备管理费	$\sum$计算基数×费率		
4	规费			
5	增值税			
	投标报价合计	1＋2＋3＋4＋5		

3.5.3　建设工程投标报价技巧

投标技巧研究，是在保证工程质量与工期条件下，寻求一个好的报价的技巧问题。投标人为了中标并获得期望的效益，全过程几乎都要研究投标报价技巧问题。

1. 不平衡报价法

不平衡报价法指的是一个项目的投标报价，在总价基本确定后，如何调整项目内部各个部分的报价，以期望在不提高总价的条件下，既不影响中标，又能在结算时得到更理想的经济效益。这种方法在工程项目中运用比较普遍。

（1）能够早收到钱款的项目，如开办费、土方、基础等，其单价可定得高一些，有利于资金周转。后期的工程项目单价，如粉刷、油漆、电气等，可适当降低单价。

（2）估计今后会增加工程量的项目，单价可提高些；反之，估计工程量将会减少的项目单价可降低些。

（3）图纸不明确或有错误，估计今后会有修改的；或工程内容说明不清楚，价格可降低，待今后索赔时提高价格。

（4）计日工资和零星施工机械台班小时单价作价，可稍高于工程单价中的相应单价。因为这些单价不包括在投标价格中，发生时按实计算，可多得利。

（5）无工程量而只报单价的项目，如土木工程中挖湿土或岩石等备用单价，单价宜高些，既不影响投标总价，以后发生此类施工项目时也可多得利。

（6）暂定工程或暂定数额的估价，如果估计今后会发生的工程，价格可定得高一些，反之价格可低一些。

当然，在采取不平衡报价法的策略时，一定要注意，不要畸高畸低，以免导致废标。

2. 多方案报价法

对一些招标文件，如果发现工程范围不很明确，条款不清楚或很不公正，或技术规范要求过于苛刻时，要在充分估计投标风险的基础上，按多方案报价法处理，即按原招标文件报一个价，然后再提出："如某条款（某规范规定）作某些变动，报价可降低多少"，报一个较低的价，通过降低总价，吸引业主视线。或是对某部分工程提出按"成本补偿合同"方式处理，其余部分报一个总价。

3. 增加建议方案

有时招标文件中规定可以提出建议方案，即修改原设计方案，提出投标者的方案。这种情况下，投标者应组织一批有经验的设计和施工工程师，对原招标文件的设计和施工方案进行仔细研究，提出更合理的方案以吸引业主，促成自己的方案中标。新的建议方案应该能够降低总造价，或提前竣工，或使工程运用更合理。但要注意的是，对原招标方案一定要标价，以供采购方比较。

增加建议方案时，不要将方案写得太具体，保留方案的技术关键，防止采购方将此方案交给其他承包商。同时建议方案一定要比较成熟，或过去有这方面的实践经验。投标时间不长，如果仅为中标而匆忙提出一些没有把握的建议方案，可能会引起很多的后患。

4. 突然降价法

报价是一件保密性很强的工作，但是对手往往通过各种渠道、手段来获取信息。因此，在报价时可以采取迷惑对方的手法，即按一般情况报价或表现出自己对该项目兴趣不大，到投标快截止时，再突然降价。采用这种方法时，一定要在准备投标报价的过程中考虑好降价的幅度，在临近投标截止日期，根据情报信息，认真分析判断再作最后决策。如果由于采用突然降价法而中标，因为开标只降总价，在签订合同后可采用不平衡报价的方法调整项目内部各项单价或价格，以期取得更好的效益。

5. 先亏后盈法

先亏后盈法，是指承包商为了进入某一地区或某一领域，依靠自身实力，采取不惜代价，只求中标的低报价投标方案。一旦中标以后，可以承揽这一地区或这一领域更多的工程任务，达到总体盈利的目的。应用这种手法的投标方必须有较好的资信条件，提出的实施方案先进可行，同时，要加强对公司情况的宣传，否则即使标价低，业主也不一定选中。如果其他承包商也采取这种方法，则不一定硬拼，可努力争取第二、第三标，再依靠自己的经验和信誉争取中标。

建设工程承包商在进行投标时，除了在投标报价上下功夫外，可综合考虑其他技巧，比如聘请投标代理人为自己出谋划策，寻求联合投标，在投标文件中许诺提高质量、缩短工期等优惠条件，争取中标。

3.6 课内实践

3.6.1 实践目的

通过投标文件的编制，加深学生对投标工作的理解，使学生对投标文件有直观和感性认识，为学生毕业后从事招标、投标相关工作打下基础。

3.6.2 实践内容

综合应用所学的招标投标知识与工程量清单计价的相关知识，依据现行建筑法律、法规，结合造价软件编制投标文件。

3.6.3　实践条件及提供的资料

1. 配有网络版计量计价软件的机房，每一位学生配备一台电脑（根据条件，可以每组一台电脑）。

2. 招标项目的招标文件、图纸、工程量清单表（电子稿）。

3.6.4　实践成果及评价

投标文件的编制包括：

1. 投标函部分。

2. 每组一份打印文件，包括：商务标工程清单报价封面格式（包括总价），编制说明；工程项目总价表；单项工程费汇总表；单位工程费汇总表；分部分项工程量清单计价表；措施项目清单计价表；其他项目清单计价表；主要材料价格表。

3. 使用招标投标制作软件完成的电子投标文件。

评价采用小组长考核与指导老师考核相结合；过程考核与成果评价相结合。

3.6.5　实践安排与要求

1. 3～5 人分为一个小组，各小组模拟一家施工企业。

2. 以企业的角色完成投标文件编制，汇总上交成果电子稿。

3. 个人认真进行总结，完成总结报告一份。

思考与练习

一、单项选择题

1. 投标书是投标人的投标文件，是对投标文件提出的要求和条件作出（　　　）的文件。

A. 附和　　　　　　　　B. 否定　　　　　　　　C. 响应　　　　　　　　D. 实质性响应

2. 下列关于投标有效期说法中，错误的是（　　　）。

A. 拒绝延长投标有效期的投标人有权收回投标保证金

B. 投标有效期从投标人递交投标文件之日起计算

C. 投标有效期内，投标文件对投标人有法律约束力

D. 投标有效期的设定应保证投标人有足够的时间完成评标和与中标人签订合同

3. 投标文件应用不褪色的笔书写或打印，并有投标人的法定代表人或其委托代理人签字或盖单位章。委托代理人签字的，投标文件应附法定人签署的（　　　）。

A. 意见书　　　　　　　　　　　　B. 法定委托书

C. 指定委托书　　　　　　　　　　D. 授权委托书

4. 下列哪个关于投标预备会的解释是正确的（　　　）。

A. 投标预备会是投标人为投标人踏勘现场而召开的准备会

B. 投标预备会是投标人为解答投标人在踏勘现场提出的问题召开的会议

C. 投标预备会是投标人为解答投标人阅读招标文件后提出问题召开的会议

D. 投标预备会是投标人为解答投标人阅读招标文件和踏勘现场后提出的疑问，按照招标文件规定的时间而召开的会议

5. 投标文件外层封套应写明的是（　　　）。

A. 开启时间　　　　　　　　　　　B. 投标人地址

C. 投标人名称　　　　　　　　　　D. 投标人邮政编码

6. 招标文件内容组成中，投标人最为关注的核心内容是（　　　）。

A. 投标人须知　　　　　　　　　　B. 评价办法

C. 合同条件及格式　　　　　　　　D. 工程量清单

7. 在投标文件格式中，（　　　）既是投标人投标决策承诺的根据，又是投标中标后组织实施的必要准备。

A. 技术、服务和管理方案　　　　　B. 投标报价文件

C. 联合体协议书　　　　　　　　　D. 投标函及其附录

8. 下列关于投标人对投标文件修改的说法中，正确的是（　　　）。

A. 投标人提交投标文件后不得修改其投标文件

B. 投标人可以利用评标过程中对投标文件澄清的机会修改其投标文件，且修改内容应当作为投标文件的组成部分

C. 投标人对投标文件的修改，可以使用单独的文件进行密封，签署并提交

D. 投标人修改投标文件，招标人有权接受较原投标文件更为优惠的修改并拒绝对招标人不利的修改

二、多项选择

1. 投标资格申请人不得存在的情况包括（　　　）。

A. 为本标段的代建人

B. 为本标段的监督单位

C. 为本标段前期准备提供设计或咨询服务的设计施工总承包单位

D. 为本标段提供招标代理服务的单位

E. 为本标段的代建人同一个法定代表人的

2. 以下哪些项目属于措施项目费（　　　）。

A. 安全文明施工费　　　　　　　　B. 临时设施费

C. 夜间施工费　　　　　　　　　　D. 材料二次搬运费

E. 工程排污费

3. 采用工程量清单报价法编制的投标报价，主要由（　　　）几部分构成。

A. 分部分项工程费　　　　　　　　B. 其他项目费

C. 措施项目费　　　　　　　　　　D. 规费和税金

E. 间接费

4. 某施工招标项目接受联合体投标，其资质条件为钢结构工程专业承包二级和装饰装修专业承包一级施工资质。以下符合该资质要求的联合体是（　　　）。

A. 具有钢结构工程专业承包二级和装饰装修专业承包二级施工资质

B. 具有钢结构工程专业承包一级和装饰装修专业承包一级施工资质

C. 具有钢结构工程专业承包一级和装饰装修专业承包二级施工资质

D. 具有钢结构工程专业承包二级和装饰装修专业承包一级施工资质

E. 具有钢结构工程专业承包二级和装饰装修专业承包三级施工资质

5. 下列内容属于投标文件的有（　　　）。

A. 施工组织设计　　　　　　　　B. 投标函及投标函附录

C. 纳税证明　　　　　　　　　　D. 固定资产证明

E. 投标保证金或保函

三、简答题

1. 简述建筑工程投标的基本程序。

2. 简述建筑工程投标的主要工作。

3. 编制资格预审文件时应注意哪些问题。

4. 影响投标决策的主要因素有哪些?

5. 投标标价的编制方法有几种?

四、案例题

某依法必须招标的大型工程项目，其招标方式经核准为公开招标，业主委托某招标代理公司实施代理。招标代理公司在规定媒体发布了招标公告，编制并发售了招标文件。招标文件规定：投标担保可采用投标保证金或投标保函方式担保；评标方法采用经评审的最低投标价；投标有效期为 60 天。开标后发现:

1. A 投标人的投标报价为 8000 万元，经评审后推荐其为中标候选人。

2. B 投标人在开标后又提交了一份补充说明，提出可以降价 5%。

3. C 投标人提交的银行投标保函有效期为 70 天。

4. D 投标人投标文件的投标函盖有企业及企业法定代表人的印章，但没有加盖项目负责人的印章。

5. E 投标人与其他投标人组成了联合体投标，附有各方资质证书，但没有联合体共同投标协议书。

6. F 投标人的投标报价最高，故 F 投标人在开标后第二天撤回了其投标文件。

经过对投标书的评审，A 投标人被确定为中标候选人。发出中标通知书后，招标人和 A 投标人进行合同谈判，希望 A 投标人能再压缩工期、降低费用。经谈判后双方达成一致，不压缩工期，降价 30%。

问题:

1. 分析 A、B、C、D、E 投标人的投标文件是否有效? 说明理由。

2. F 投标人的投标文件是否有效? 对其撤回投标文件的行为应如何处理?

3. 该项目施工合同应该如何签订? 合同价格为多少?

模块 4

开标、评标、定标

Chapter 04

知识目标

了解建设工程开标、评标、定标的概念；熟悉建设工程开标、评标、定标的程序和在决标过程中的法律规定；掌握评标委员会的组成、评标的内容、方法和标准。

能力目标

能进行投标文件的评审，并能使用电子评标系统进行符合性评审、技术性评审及商务性评审，提高学生参与实际工程开标评标活动的能力。

素质目标

培养学生细致严谨的工作作风。

4.1　建设工程开标

招标投标活动经过招标阶段和投标阶段之后，进入开标阶段。建设工程招标的目的是确定优秀的承包人，投标的目的是中标，而决定这两个目标能否实现的环节就是评标、定标。

开标是招标人按照招标公告或者投标邀请书规定的时间、地点，当众开启所有投标人的投标文件，宣读投标人名称、投标价格和投标文件的其他主要内容的过程。《招标投标法》第三十四条规定，开标应当在招标文件确定的提交投标文件截止时间的同一时间公开进行；开标地点应当为招标文件中预先确定的地点。

开标由招标人主持，邀请所有投标人参加，也可邀请有关单位的代表参加，如建设行政主管部门、公证机关的代表等。工程招标投标监督管理机构依法实施监督管理。

4.1.1　建设工程开标

1. 开标时间

开标时间应当在提供给每一个投标人的招标文件中事先确定，以使每一投标人都能事先知道开标的准确时间，以便届时参加，确保开标过程的公开、透明。

25. 建设工程开标

开标时间应与提交投标文件的截止时间相一致。将开标时间规定为提交投标文件截止时间的同一时间，目的是防止招标人或者投标人利用提交投标文件的截止时间以后与开标时间之前的一段时间间隔做手脚，进行暗箱操作。比如有些投标人可能会利用这段时间与招标人或招标代理机构串通，对投标文件的实质性内容进行更改等。关于开标的具体时间，实际中可能会有两种情况，如果开标地点与接受投标文件的地点相一致，则开标时间与提交投标文件的截止时间应一致；如果开标地点与提交投标文件的地点不一致，则开标时间与提交投标文件的截止时间应有一合理的间隔。出现以下情况时征得建设行政主管部门同意后，可以暂缓或者推迟开标时间。

（1）招标文件发售后对原招标文件作了变更或者补充。

（2）开标前发现有影响招标公正性的不正当行为。

（3）出现突发事件等。

2. 开标地点

为了使所有投标人都能事先知道开标地点，并能够按时到达，开标地点应当在招标文件中事先确定，以便使每一个投标人都能事先为参加开标活动做好充分的准备，如根据情况选择适当的交通工具，并提前做好机票、车票的预订工作等。招标人如果确有特殊原因，需要变动开标地点，则应当按照《招标投标法》第二十三条规定，招标人对已发出的招标文件进行必要的澄清或修改的，应当在招标文件要求提交投标文件截止时间至少十五日前，以书面形式通知所有招标文件收受人。该澄清或者修改的内容为招标文件的组成部分。

3. 开标的主持人和参加人

（1）开标会议通常应由招标人主持，招标人也可以委托招标代理机构代为主持，邀请所有投标人参加。

（2）开标时，首先由投标人或者投标人推选的代表检查投标文件的密封情况，也可以由招标人委托的公证机构检查并予以公证，确认无误后，由有关工作人员当众开启标书并公开唱标。

4.1.2 建设工程开标程序——提交纸质投标文件，线下开标

1. 招标人签收投标人递交的投标文件：开标地点递交的投标文件的签收，应当填写投标文件报送签收一览表，提前递交的投标文件，也应当办理签收手续，由招标人携带至开标现场。招标文件规定的截止时间后提交的投标文件不予接收，招标人原封退还给投标人。投标人少于3家的，招标无效，开标会结束，招标人应当依法重新招标。

2. 投标人代表签到：投标人授权出席开标会的代表本人在开标会签到表上签到，招标人专人负责核对签到人身份。

3. 宣布开标纪律。

4. 公布在投标截止时间前递交投标文件的投标人名称、点名确认投标人是否派人到场。

5. 宣布开标人、唱标人、记录人、监标人等有关人员姓名。

6. 按规定检查投标文件的密封情况：招标人和投标人代表共同检查投标文件的密封情况，密封不符合招标文件要求的投标文件应当当场作为废标，同时应当有招标办监管人员到场见证。

7. 宣布投标文件开标顺序：一般按投标书送达时间逆顺序开标、唱标。

8. 设有标底的，公布标底。

9. 按照宣布的开标顺序当众开标：公布投标人名称、标段名称、投标保证金的递交情况、投标报价、质量目标、工期及其他内容，并记录在案。同时宣布在递交投标文件截止时间前收到的投标人对投标文件的补充、修改。在截止时间前收到投标人撤回其投标书的书面通知的投标文件不再唱标，但须在开标会上说明。

招标人在招标文件要求提交投标文件的截止时间前收到的所有投标文件，开标时都应当众予以拆封、宣读。

10. 投标人代表、招标人代表、监标人、记录人等有关人员在开标记录上签字确认：开标会记录应如实记录开标过程中的重要事项，包括开标时间、开标地点、出席开标会的单位人员、唱标记录、开标会程序等，投标人的授权代表应当在开标会记录上签字确认，对记录内容有异议的可以注明，对没有异议的部分签字确认。

11. 开标结束。

4.1.3 建设工程电子开标程序——电子投标，线下开标

投标单位在投标截止时间前进入开标室，委托代理人及注册建造师（项目经理）携带本人身份证明进行签到，同时提交资审所需证明材料和书面投标文件（包含电子文件）。

1. 宣布开标纪律。

2. 宣读开标工程名称、建设单位名称和代理单位。

3. 投标文件的解密。

4.1.4 建设工程线上开标程序——电子投标、线上开标

招标人在投标人须知前附表规定的投标截止时间（开标时间）和投标人须知前附表规定的地点公开开标，并邀请所有投标人的法定代表人（或其委托代理人）准时参加开标直

播签到。

代理机构在投标截止时间后建立线上直播群并开启群视频直播，对开标现场情况进行全程直播，开标全程录像由交易中心录制保存备查。

1. 招标人或招标代理机构在交易平台指定开标主持人。主持人只能根据交易平台事先设定的流程和权限操作电子开标。

2. 参加电子开标的投标人通过互联网在线签到。

3. 开标时间到，电子招标投标交易平台按照事先设定的开标功能，自动提取投标文件。

4. 交易平台自动检测投标文件数量。投标文件少于 3 个时，系统进行提示，主持人根据实际情况和相关规定，决定继续开标或终止开标。

5. 主持人按招标文件规定的解密方式发出指令，要求招标人和（或）投标人准时并在约定时间内同步完成在线解密。

6. 开标解密完成后，交易平台向投标人展示已解密投标文件开标记录信息。

7. 投标人对开标过程有异议的，可通过交易平台及时提出。

8. 交易平台生成开标记录，参加开标的投标人在线电子签名确认。

9. 开标记录经电子签名确认后，向各投标人公布。

4.2　建设工程评标

评标，是指评标委员会和招标人依据招标文件规定的评标标准和方法对投标文件进行审查、评审和比较的行为。评标是招标投标活动中十分重要的阶段，评标是否真正做到公开、公平、公正，决定着整个招标投标活动是否公平和公正；评标的质量决定着能否从众多投标竞争者中选出最能满足招标项目各项要求的中标者。

4.2.1　评标委员会的组成

评标应由招标人依法组建的评标委员会负责，即由招标人按照法律的规定，挑选符合条件的人员组成评标委员会，负责对各投标文件的评审工作。

26. 评标委员会

1. 评标委员会人员组成

评标委员会须由下列人员组成：

（1）招标人代表。招标人代表参加评标委员会，以在评标过程中充分表达招标人的意见，与评标委员会的其他成员进行沟通，并对评标的全过程实施必要的监督。

（2）相关技术方面的专家。由招标项目相关专业的技术专家参加评标委员会，对投标文件所提方案的技术上的可行性、合理性、先进性和质量可靠性等技术指标进行评审比较，以确定在技术和质量方面确能满足招标文件要求的投标。

（3）经济方面的专家。由经济方面的专家对投标文件所报的投标价格、投标方案的运营成本、投标人的财务状况等投标文件的商务条款进行评审比较，以确定在经济上对招标人最有利的投标。

（4）其他方面的专家。根据招标项目的不同情况，招标人还可聘请除技术专家和经济专家以外的其他方面的专家参加评标委员会。比如对一些大型的或国际性的招标采购项目，还可聘请法律方面的专家参加评标委员会，以对投标文件的合法性进行审查把关。

2. 成员人数

评标委员会成员人数须为 5 人以上单数。评标委员会成员人数过少，不利于集思广益，从经济、技术各方面对投标文件进行全面的分析比较，保证评审结论的科学性、合理性。当然，评标委员会成员人数也不宜过多，否则会影响评审工作效率，增加评审费用。要求评审委员会成员人数须为单数，以便于在各成员评审意见不一致时，可按照多数通过的原则产生评标委员会的评审结论，推荐中标候选人或直接确定中标人。

3. 专家人数

评标委员会成员中，有关技术、经济等方面的专家的人数不得少于成员总数的 2/3，以保证各方面专家的人数在评标委员会成员中占绝对多数，充分发挥专家在评标活动中的权威作用，保证评审结论的科学性、合理性。

4. 专家条件

参加评标委员会的专家应当同时具备以下条件：①从事相关领域工作满 8 年。②具有高级职称或者具有同等专业水平。具有高级职称，即具有经国家规定的职称评定机构评定，取得高级职称证书的职称，包括高级工程师，高级经济师，高级会计师，正、副教授，正、副研究员等。对于某些专业水平已达到与本专业具有高级职称的人员相当的水平，有丰富的实践经验，但因某些原因尚未取得高级职称的专家，也可聘请作为评标委员会成员。

5. 评审专家规定

（1）由招标人从国务院有关部门或者省、自治区、直辖市人民政府有关部门提供的专家名册中相关专业的专家名单中确定。由于招标项目是由招标人提出的，评标委员会也是由招标人依法组建的，因此，参加评标委员会的专家也应由招标人来确定。对招标人选择专家的范围也有严格限制，即应当从国务院有关部门或省级人民政府有关部门提供的专家名册中选定。国务院有关部门和省级人民政府有关部门应当建立各行业有关专业的专家名册，进入名册的专家应当是经政府有关部门通过一定的程序选择的在专业知识、实践经验和人品等方面比较优秀的专家。专家名册中所涉及的专业面应当比较广泛，以便不同招标项目的招标人都能够从中选出本招标项目所需的相关专业的专家。这里应当指出的是，国务院有关部门或省级人民政府有关部门只是提供专家名册，由招标人从中挑选符合条件的专家，而不是由政府有关部门直接指定进入评标委员会的专家，否则就构成对评标过程的不当干预，这是法律所不允许的。

（2）招标代理机构应当有符合法定条件的专家库，招标人也可以从招标代理机构的专家库中挑选进入评标委员会的专家。

（3）对于一般招标项目，可以采取随机抽取的方式确定，而对于特殊招标项目，由于其专业要求较高，技术要求复杂，则可以由招标人在相关专业的专家名单中直接确定。

6. 不得担任评标委员会成员的情形

（1）投标人或者投标人主要负责人的近亲属。

（2）项目主管部门或者行政监督部门的人员。

（3）与投标人有经济利益关系，可能影响对投标公正评审的。

（4）曾因在招标、评标以及其他与招标投标有关活动中从事违法行为而受过行政处罚或刑事处罚的。

4.2.2　评标原则

评标的原则包括如下几个方面：

（1）公平、公正。

（2）依法评标。

（3）严格按照招标文件评标。只要招标文件未违反现行的法律、法规和规章，没有前后矛盾的规定，就应严格按照招标文件及其附件、修改纪要、答疑纪要进行评审。

（4）合理、科学、择优。

（5）对未提供证明资料的评审原则。凡投标人未提供的证明材料（包括资质证书、业绩证明、职业资格或证书等），若属于招标文件强制性要求的，评委均不予确认，应否决其投标；若属于分值评审法或价分比法的评审因素，则不计分，投标人不得进行补正。

（6）做有利于投标人的评审。若招标文件表述不够明确，应作出对投标人有利的评审，但这种评审结论不应导致对招标人的具有明显的因果关系的损害。

（7）反对不正当竞争。评审中应严防串标、挂靠围标等不正当竞争行为。若无法当场确认，那么事后可向监管部门报告。

（8）记名表决。一旦评审出现分歧，则应采用少数服从多数的表决方式，表决时必须署名，但应保密，即不应让投标人知道谁投赞成票、谁投反对票。

（9）保密原则。评委必须对投标文件的内容、评审的讨论细节保密。

4.2.3　评标程序

评标的目的是根据招标文件中确定的标准和方法，对每个投标商的标书进行评价和比较，以评出最低投标价的投标商。

评标的一般程序包括组建评标委员会、评标准备、初步评审、详细 27. 建设工程评标评审以及编写评标报告。

1. 组建评标委员会

评标委员会可以设主任一名，必要时可增设副主任一名，负责评标活动的组织协调工作，评标委员会主任在评标前由评标委员会成员通过民主方式推选产生，或由招标人或其代理机构指定（招标人代表不得作为主任人选）。评标委员会主任与评标委员会其他成员享有同等的表决权。若采用电子评标系统，则须选定评标委员会主任，由其操作"开始投票"和"拆封"。

有的招标文件要求对所有投标文件设主审评委、复审评委各一名，主审、复审人选可由招标人或其代理机构在评标前确定，或由评标委员会主任进行分工。

2. 评标准备

（1）了解和熟悉相关内容：①招标目标；②招标项目范围和性质；③招标文件中规定的主要技术要求、标准和商务条款；④招标文件规定的评标标准、评标方法和在评标过程中考虑的相关因素；⑤有的招标文件（主要是工程项目）发售后，进行了数次的书面答疑、修正，故评委应将其全部汇集装订。

（2）分工、编制表格：根据招标文件的要求或招标内容的评审特点，确定评委分工；招标文件未提供评分表格的，评标委员会应编制相应的表格；此外，若评标标准不够细化时，应先予以细化。

（3）暗标编码：对需要匿名评审的文本进行暗标编码。

3. 初步评标

初步评标工作比较简单，但却是非常重要的一步。初步评标的内容包括供应商资格是否符合要求，投标文件是否完整，是否按规定方式提交投标保证金，投标文件是否基本上符合招标文件的要求，有无计算上的错误等。如果供应商资格不符合规定，或投标文件未作出实质性的反映，都应作为无效投标处理，不得允许投标供应商通过修改投标文件或撤销不合要求的部分而使其投标具有响应性。初步评审情况表见表4-1。经初步评标，凡是确定为基本上符合要求的投标，下一步要核定投标中有没有计算和累计方面的错误。在修改计算错误时，要遵循两条原则：如果数字表示的金额与文字表示的金额有出入，要以文字表示的金额为准；如果单价和数量的乘积与总价不一致，要以单价为准。但是，如果采购单位认为有明显的小数点错误，此时要以标书的总价为准，并修改单价。如果投标商不接受根据上述修改方法而调整的投标价，可拒绝其投标并没收其投标保证金。

初步评审情况表

表4-1

审查标准
提交的投标文件份数不符合"投标须知人前附表"的要求
非本标段的投标文件
投标人提交投标保证金的方式、额度、交纳时间有差错的
投标文件没有按投标函、其他材料两个部分分别装订的
未按投标人须知进行密封和标记的
投标文件的投标函部分、其他材料部分内容未按本招标文件规定的内容提交
投标人未提交投标文件电子版光盘或投标人提交的投标文件电子版因介质（光盘或其他材料中的U盘）损坏等原因导致投标文件电子版无法导入计算机
投标人提交的投标文件（含电子版）没有使用或只有部分使用本招标文件所提供的投标文件格式
投标文件报价书中需要投标人签字、盖章的地方，投标人没有按招标文件的规定进行签字、盖章的
投标文件报价书中的签字为非本投标人的法定代表人或非本投标人交易员签字的
投标人递交两套或多套内容不同的投标文件，或在一套投标文件中对同一招标项目报有两个或多个报价，且未声明哪一个有效的
投标人名称或组织结构与营业执照、资质证书、安全生产许可证不一致的
投标文件标明的投标内容不符合投标人须知规定
投标文件载明的施工工期超过招标文件规定工期的
投标文件承诺的质量等级不符合招标文件规定要求的
投标人的投标报价高于或等于招标人设定的上限值（即最高限价）

评标小组成员签字：   监督人员签字：

4. 详细评标

在完成初步评标以后，下一步就进入到详细评定和比较阶段。只有在初评中确定为基本合格的投标，才有资格进入详细评定和比较阶段。具体的评标方法取决于招标文件中的规定，并按评标价的高低，由低到高，评定出各投标的排列次序。

在评标时，当出现最低评标价远远高于标底或缺乏竞争性等情况时，应废除全部投标。

5. 编写并上报评标报告

评标工作结束后，采购单位要编写评标报告，上报采购主管部门，评标报告见【例4-1】。

【例4-1】

　　　　　　　工程评标报告

　　　　　　：

　　　招标，评标小组按《中华人民共和国招标投标法》《工程建设项目施工招标投标办法》《××市建设工程施工招标投标管理办法》等以及本工程招标文件规定的评标标准、方法等有关条款，经过对投标文件系统地评审和比较，确定：

第一名为：　　　　　　　

第二名为：　　　　　　　

第三名为：　　　　　　　

现将有关情况报告如下：

一、形式评审和响应性评审情况
二、资格评审情况
附件：1. 开标记录；2. 询标记录；3. 评分汇总表；4. 符合要求投标人一览表；5. 废标情况说明；6. 招标文件；7. 推荐中标候选人投标文件
评标小组成员签名：
监督人签名：
评标地点：　　　　　　　　　　　　　　　年　　月　　日

4.2.4 评标标准、内容

1. 评标标准

我国《招标投标法》规定，评标必须以招标文件规定的标准和方法进行，任何未在招标文件中列明的标准和方法，均不得采用，对招标文件中已经表明的标准和方法，不得有任何改变。

一般包括价格标准和价格标准以外的其他有关标准（又称"非价格标准"），非价格标准应尽可能客观和定量化，并按货币额表示，或规定相对的权重（即"系数"或"得分"）。通常来说，在工程评标时，非价格标准主要有工期、质量、施工人员和管理人员的素质、以往的经验等。

2. 评标内容

（1）投标文件的符合性审查：

如投标文件不符合国家有关规定，不满足投标资格条件或不响应招标文件的实质性要求，存在以下情况之一的，作无效标处理：

1）未按招标文件的要求签署和盖章的；

2）投标人递交两份或者多份内容不同的投标文件的；

3）投标人不以自己的名义或未按招标文件要求提供投标保证金或提供的投标保证金有缺陷而不能接受的；

4）不响应招标文件实质性要求或附有招标人不能接受的条件的；

5）存在串通投标或弄虚作假情况的；

6）存在法律、法规、规章规定的其他无效投标情况的。

（2）评标委员会按照招标文件载明的资格后审条款对投标人的企业及拟派项目负责人资格进行审查，凡不符合资格后审要求的，以无效标处理，不再进入下一阶段评审。

（3）技术标评审：

评标委员会针对投标人设计大纲和相关承诺的评审内容进行综合分析，视其科学性、针对性、可行性、先进性和完善程度等，经集体充分讨论后确定类别，然后在该类别的分值范围内由评标委员会分别打分（小数点后保留1位小数），再取平均分作为该项的分数（小数点后保留两位小数，小数点后第3位四舍五入）。对某一类别划档意见分歧较大的，可以采用记名投票方式确定。

（4）资信标评审：根据招标文件中资信标规定综合打分。

（5）商务标评审：根据招标文件中商务标评审办法计算得分。

4.2.5 评标方法

按照定标所采用的排序依据，可以分为四类，即分值评审法（以分值排序，包括综合评分法、性价比法）、价格评审法（以价格排序，包括最低评标价法、最低投标价法、价分比法等）、综合评议法（以总体优劣排序）、分步评审法［先以技术分（和商务分）为衡量标准确定入围的投标人，再以他们的报价排序］。

（1）综合评标法，是指在满足招标文件实质性要求的条件下，依据招标文件中规定的各项因素进行综合评审，以评审总得分最高的投标人作为中标（候选）人的评标方法。

（2）性价比法，是指在满足招标文件实质性要求的条件下，依据招标文件中规定的除价格以外的各项因素进行综合评审，以所得总分除以该投标人的投标报价，所得商数（评标总得分）最高的投标人为中标（候选）人的评标方法。

28. 综合评标法

（3）价分比法，是指在满足招标文件实质性要求的条件下，依据招标文件中规定的除价格以外的各项因素进行综合评审，以该投标人的投标报价除以所得总分，所得商数（评标价）最低的投标人为中标（候选）人的评标方法。

（4）综合评议法，是指在满足招标文件实质性要求的条件下，评委依据招标文件规定的评审因素进行定性评议，从而确定中标（候选）人的评审方法。

（5）最低投标价法，是指在满足招标文件实质性要求的条件下，投标报价最低的投标人作为中标（候选）人的评审方法。

（6）经评审的最低报价法，是指在满足招标文件实质性要求的条件下，评委对投标报价以外的价值因素进行量化并折算成相应的价格，再与报价合并计算得到折算投标价，从中确定折算投标价最低的投标人作为中标（候选）人的评审方法。

（7）最低评标价法，是指在满足招标文件实质性要求的条件下，评委对投标报价以外的商务因素、技术因素进行量化并折算成相应的价格，再与报价合并计算得到评标价，从中确定评标价最低的投标人作为中标（候选）人的评审方法。

29. 经评审的
最低报价法

（8）设备运行年限评标法，是指在满足招标文件实质性要求的条件下，在最低评标价法的基础上考虑运行的年限及其运行与维护费用和贴现率。

（9）固定低价评标法，是指投标人的报价必须等于招标人发布的合理低价，当投标文件满足招标文件的其他实质性要求时，就进入随机抽取中标人的环节的评标方式。

（10）组合低价评标法是组合低价标底法（也称经抽取系数的低价投标价法）中特有的评标方法。该方法基于预先公布的成本预测价，通过开标后系数、权数的随机抽取，计算出组合低价，以组合低价至其向上浮动至某一点的区间作为合理低价区间，最后，对报价属于合理低价区间的投标人进行随机抽取，从而确定中标人。

4.3　建设工程定标

4.3.1　定标途径

定标途径分为两种：①依据评分、评议结果或评审价格直接产生中标（候选）人；②经评审合格后以随机抽取的方式产生中标（候选）人，如固定低价评标法、组合低价评标法。

4.3.2　定标模式

定标模式分为两种：①经授权、由评标委员会直接确定中标人；②未经授权，评标委员会向招标人推荐中标候选人。

4.3.3　定标方法

定标的方法：评标委员会推荐的中标候选人为 1～3 人（注科技项目、科研课题一般只推荐一名中标候选人），须有排列顺序。对于法定采购项目，招标人应确定排名第一的中标候选人为中标人。若第一中标候选人放弃中标，因不可抗力提出不能履行合同，或招标文件规定应提交履约保证金而未在规定期限内提交的，招标人可以确定第二中标候选人

30. 定标

为中标人。第二中标候选人因前述同样原因不能签订合同的，招标人可以确定第三中标候选人为中标人。

4.3.4 定标流程

1. 确定中标人

评标委员会提出书面评标报告后，招标人一般应在 15 日内确定中标人，最迟应在投标有效期结束日 30 个工作日前确定。投标有效期一般指从投标截止日起到公布中标的时间。

招标人应当接受评标委员会推荐的中标候选人，不得在评标委员会推荐的中标候选人之外确定中标人。招标人可以授权评标委员会直接确定中标人。国务院对中标人的确定另有规定的，从其规定。

2. 发出中标通知书

中标人确定后，经招标管理机构核准，招标人应当向中标人发出中标通知书，并同时将中标结果通知所有未中标的投标人。

招标人不得向中标人提出压低报价、增加工作量、缩短工期或其他违背中标人意愿的要求，以此作为发出中标通知书和签订合同的条件。

中标通知书对招标人和中标人具有法律效力。中标通知书发出后，招标人改变中标结果的，或者中标人放弃中标项目的，应当依法承担法律责任。

3. 提交招标投标情况书面报告

依法必须进行招标的项目，招标人应当自确定中标人之日起 15 日内，向有关行政监督部门提交工程建设项目招标投标情况书面报告，见【例 4-2】。

【例 4-2】

工程建设项目招标投标情况书面报告

（行业主管部门）：

_____ 工程招标，按《中华人民共和国招标投标法实施条例》以及本工程招标文件的有关条款，在评标委员会对投标单位及其投标书进行全面分析、综合评议、择优推荐的基础上，经研究决定 _____ 为中标单位，中标价人民币 _____ 万元。

现将有关情况报告如下，请予复核。 招标人单位（盖章）

工程名称		招标单位	
工程地点		招标方式	
招标范围			
投标上限价		工期要求		质量要求	
资格审查方式		参加资格审查投标人数		审查合格投标人数	
开标时间及地点				按时送达投标文件的投标人数	
开标审查情况			

续表

评标结果	中标候选单位	第一中标候选人		第二中标候选人		第三中标候选人
	投标报价					
评标结果公示情况 （时间及结果）			第一中标候选人检察院 查询结果			
中标单位项目 管理班子名单	项目经理	技术负责人		施工员	质量员	安全员

中标通知书编号：＿＿＿＿＿＿＿＿

行业主管部门	备案意见：
公共资源交易中心	见证意见：

4. 签订合同

招标人和中标人应当自中标通知书发出之日起 30 日内，按照招标文件和中标人的投标文件订立书面合同。

（1）招标人和中标人不得再行订立背离合同实质性内容的其他协议。

（2）招标文件要求中标人提交履约保证金的，中标人应当提交。拒绝提交的，视为放弃中标项目。招标人要求中标人提供履约保证金或其他形式履约担保的，招标人应同时向中标人提供工程款支付担保。

（3）招标人不得擅自提高履约保证金，不得强制要求中标人垫付中标项目建设资金。

（4）招标人与中标人签订合同后 5 个工作日内，应向未中标的投标人退还投标保证金。

（5）中标人应当按照合同约定履行义务，完成中标项目。中标人不得向他人转让中标项目，也不得将中标项目肢解后分别向他人转让。但中标人按照合同约定或者经招标人同意，可以将中标项目的部分非主体、非关键性工作分包给他人完成。接受分包的人应当具备的相应的资格条件，并不得再次分包。

中标人应当就分包项目向招标人负责，接受分包的人就分包项目承担连带责任。

评标委员会经评审，认为所有投标都不符合招标文件要求的，可以否决所有投标。依法必须进行招标的项目所有投标被否决的，招标人应当依照《招标投标法》重新招标。重新招标后投标人少于 3 个的，属于必须审批的工程建设项目，报经原审批部门批准后可以不再进行招标，其他工程建设项目，招标人可自行决定不再进行招标。

4.4　建设工程施工招标评标案例

一、某工程有 6 家单位参与投标，报价和标底如下（单位：万元，保留一位小数）。

31. 综合评标法案例分析

投标单位	A	B	C	D	E	F	标底
报价	13456	13208	13900	13000	13341	16225	13790

该工程以标底的50％与承包商报价算术平均数的50％之和为基准价，但最高（或最低）报价高于（或低于）次高（或次低）报价的10％者，最高（低）报价单位即为无效标，并且在计算承包商报价算术平均数时不予考虑。

【问题】

1. 评标报告主要包括哪些内容？

2. 最高报价单位和最低报价单位是有效标还是无效标？

3. 假设报价等于基准价为满分（100分），报价在基准价的（－5％～＋3％）内为有效报价，报价比基准价每下降1％，扣1分，报价比基准价每增加1％，扣2分，扣分不保底。各单位得分是多少？得分最高的单位中标，则中标单位是谁（百分比四舍五入取整）？

【分析1】

评标委员会完成评标后，应当向招标人提出书面评标报告，并抄送有关行政监督部门。

评标报告的内容有：（1）基本情况和数据表；（2）评标委员会成员名单；（3）开标记录；（4）符合要求的投标一览表；（5）废标情况说明；（6）评标标准、评标办法或者评标因素一览表；（7）经评审的价格或者评分比较一览表；（8）经评审的投标人排序；（9）推荐的中标候选人名单与签订合同前要处理的事宜；（10）澄清、说明、补正事项纪要。

【分析2】

（1）最高报价判别：（16225－13900）÷13900≈16.7％＞10％，则F为无效标；

（2）最低报价判别：（13208－13000）÷13208≈1.6％＜10％，则D为有效标。

【分析3】

（1）计算基准价：

算术平均值：（13456＋13208＋13900＋13000＋13341）÷5＝13381万元；

标底值：13790万元；

基准价：13381×50％＋13790×50％＝13585.5万元。

（2）有效报价的范围：13585.5×（1＋3％）＝13993.1万元；13585.5×（1－5％）＝12906.2万元。

（3）各有效标单位得分：

A：（13585.5－13456）÷13585.5≈1％；100－1＝99分。

B：（13585.5－13208）÷13585.5≈3％；100－3＝97分。

C：（13585.5－13900）÷13585.5≈－2％；100－2×2＝96分。

D：（13585.5－13000）÷13585.5≈4％；100－4＝96分。

E：（13585.5－13341）÷13585.5≈2％；100－2＝98分。

A单位得分最高，所以为中标单位。

二、某工程由于技术难度大，对施工单位的施工设备和同类工程施工经验要求高，工期也十分紧迫。因此，根据相关规定，业主采用邀请招标的方式邀请了国内3家施工企业参加投标。招标文件规定该项目采用钢筋混凝土框架结构，采用支模现浇施工方案施工。

业主要求投标单位将技术标和商务标分别装订报送。

评分原则如下：

1. 技术标共 40 分，其中施工方案 10 分（因已确定施工方案，故该项投标单位均得分 10 分）；施工总工期 15 分，工程质量 15 分。满足业主总工期要求（32 个月）者得 5 分，每提前 1 个月加 1 分，不满足者不得分；工程质量自报合格者得 5 分，报优良者得 8 分（若实际工程质量未达到优良将扣罚合同价的 2%），近 3 年内获得鲁班工程奖者每项加 2 分，获得省优工程奖者每项加 1 分。

2. 商务标共 60 分。报价不超过标底（42354 万元）的 ±5% 者为有效标，超过者为废标。报价为标底的 98% 者为满分 60 分；报价比标底 98% 每下降 1% 扣 1 分，每上升 1% 扣 2 分（计分按四舍五入取整）。各单位投标报价资料见表 4-2。

各单位投标报价资料　　　　　　　　　　　　　　　　表 4-2

投标单位	报价（万元）	总工期（月）	自报工程质量	鲁班工程奖	省优工程奖
甲	40748	28	优良	2	1
乙	42162	30	优良	1	2
丙	42266	30	优良	1	1

根据上述资料运用综合评标法计算各投标人的得分，并确定中标人。

【分析 1】技术标得分见表 4-3。

技术标得分　　　　　　　　　　　　　　　　表 4-3

投标单位	施工方案（分）	总工期（分）	工程质量（分）	合计
甲	10	$5+(32-28)\times1=9$	$8+2\times2+1=13$	32
乙	10	$5+(32-30)\times1=7$	$8+2+2\times1=12$	29
丙	10	$5+(32-30)\times1=7$	$8+2+1=11$	28

【分析 2】商务标得分见表 4-4。

商务标得分　　　　　　　　　　　　　　　　表 4-4

投标单位	报价（万元）	报价占标底的比例（%）	扣分（分）	得分（分）
甲	40748	$(40748/42354)\times100\approx96.2$	$(98-96.2)\times1\approx2$	$60-2=58$
乙	42162	$(42162/42354)\times100\approx99.5$	$(99.5-98)\times2\approx3$	$60-3=57$
丙	42266	$(42266/42354)\times100\approx99.8$	$(99.8-98)\times2\approx4$	$60-4=56$

【分析 3】计算各投标单位综合得分见表 4-5。

各投标单位综合得分　　　　　　　　　　　　　　　　表 4-5

投标单位	技术标得分（分）	商务标得分（分）	综合得分（分）
甲	32	58	90
乙	29	57	86
丙	28	56	84

因此，根据综合得分情况，甲公司为中标单位。

思考与练习

一、单项选择题

1. 评标委员会成员名单应当（　　）。

A. 在开标前向社会公布　　　　　　B. 在开标前向投标人公布

C. 在中标结果确定前保密　　　　　D. 永久保密

2. 某建设行政主管部门派工作人员王某，对体育馆招标活动进行监督，则王某有权（　　）。

A. 参加开标会议　　　　　　　　　B. 作为评标委员会的成员

C. 决定中标人　　　　　　　　　　D. 参加定标投票

3. 甲公司将高速公路路面工程的招标工作委托给具有相应资质的乙招标代理机构进行。招标公告规定：购买招标文件时间为 2023 年 8 月 23 日上午 9 时至 2023 年 8 月 28 日下午 4 时，标前会议时间为 2023 年 8 月 29 日上午 9 时，投标书递交截止时间为 2023 年 9 月 15 日下午 4 时。根据我国《招标投标法》的有关规定，开标时间应为（　　）。

A. 2023 年 8 月 25 日下午 4 时　　　B. 2023 年 8 月 28 日上午 9 时

C. 2023 年 9 月 15 日下午 4 时　　　D. 2023 年 9 月 16 日上午 9 时

4. 某投标报价大写金额为伍仟万元，小写金额为 5200 万元，投标价格应认定为（　　）。

A. 5000 万元　　　　　　　　　　B. 5100 万元

C. 5200 万元　　　　　　　　　　D. 向该企业征询的价格

5. 中标通知书（　　）具有法律效力。

A. 只对招标人　　　　　　　　　　B. 对招标人和投标人

C. 对投标人　　　　　　　　　　　D. 对中标单位

6. 招标人和中标人自中标通知书发出之日起（　　）日内，按招标文件和中标人的投标文件订立书面合同。

A. 30　　　　　　B. 15　　　　　　C. 28　　　　　　D. 7

二、简答题

1. 简述投标文件不被受理的情形。

2. 按废标处理的投标文件有哪些？

3. 对建设工程评标委员会有哪些基本要求？

4. 初步评审的内容有哪些？

5. 简述评标报告的主要内容。

Chapter 05

模块 5

建设工程合同法律基础

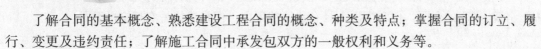

知识目标

了解合同的基本概念、熟悉建设工程合同的概念、种类及特点；掌握合同的订立、履行、变更及违约责任；了解施工合同中承发包双方的一般权利和义务等。

能力目标

学会合同的谈判、签订；合同变更、合同纠纷的处理；具有进行施工索赔费用计算能力等。

素质目标

良好的法律意识。

5.1 合同的基础知识

《中华人民共和国合同法》是为了保护合同当事人的合法权益，维护社会经济秩序，促进社会主义现代化建设制定。由中华人民共和国第九届全国人民代表大会第二次会议于1999年3月15日通过，自1999年10月1日起施行。2020年5月28日，十三届全国人大三次会议表决通过了《中华人民共和国民法典》（以下简称《民法典》），自2021年1月1日起施行。《中华人民共和国合同法》同时废止。

5.1.1 合同概述

《民法典》第四百六十四条规定，合同是民事主体之间设立、变更、终止民事法律关系的协议。

《民法典》第四百六十五条规定，依法成立的合同，受法律保护。

依法成立的合同，仅对当事人具有法律约束力，但是法律另有规定的除外。

5.1.2 合同形式

《民法典》第四百六十九条规定，当事人订立合同，可以采用书面形式、口头形式或者其他形式。

书面形式是合同书、信件、电报、电传、传真等可以有形地表现所载内容的形式。

以电子数据交换、电子邮件等方式能够有形地表现所载内容，并可以随时调取查用的数据电文，视为书面形式。

《民法典》第七百八十九条规定，建设工程合同应当采用书面形式。

5.1.3 合同的内容

《民法典》第四百七十条规定，合同的内容由当事人约定，一般包括下列条款：

1. 当事人的姓名或者名称和住所；
2. 标的；
3. 数量；
4. 质量；
5. 价款或者报酬；
6. 履行期限、地点和方式；
7. 违约责任；
8. 解决争议的方法。

当事人可以参照各类合同的示范文本订立合同。

32. 合同订立的原则、形式

5.1.4　合同的分类（表 5-1）

合同的分类　　　　　　　　　　　　　　　　　　表 5-1

分类依据	合同类别	内涵
根据法律是否明文规定合同的名称	有名合同	有名合同，也称典型合同，法律上赋予专门名称，设定专门规范的合同。《民法典》规定合同分为 19 类，即：买卖合同；供用电、水、气、热力合同；赠与合同；借款合同；保证合同；租赁合同；融资租赁合同；保理合同；承揽合同；建设工程合同；运输合同；技术合同；保管合同；仓储合同；委托合同；物业服务合同；行纪合同；中介合同；合伙合同
	无名合同	无名公司，也称非典型合同，法律上未规定专门名称和专门规则的合同
根据当事人是否相互负有给付义务	双务合同	当事人之间互相承担义务，形成对价关系，如建设工程合同
	单务合同	一方承担义务，另一方只享有权利，如赠与合同、无偿委托合同、无偿保管合同等
根据合同是否需要交付标的物	诺成合同（不要物合同）	当事人双方意思表示一致就可以成立，不需要交付标的物，如买卖合同、租赁合同
	实践合同（要物合同）	除当事人双方意思表示一致外，尚需交付标的物才能成立，如保管合同、定金合同、民间借款合同
根据法律对合同的形式是否有特定要求	要式合同	法律规定必须采取特定形式；建设工程合同应当采用书面形式
	不要式合同	当事人可以选择合同形式
根据当事人之间的权利义务是否存在对价关系	有偿合同	一方得到利益必须支付相应代价
	无偿合同	一方取得利益时不支付任何代价，如赠与合同
按合同间的主从关系	主合同	是能够独立存在的合同
	从合同	依附于主合同方能存在的合同

建设工程合同包括勘察、设计、施工合同，本质上是特殊的承揽合同。没有规定的，适用于承揽合同的有关规定。

【例 5-1】（单选题）下列合同中，属于实践合同的是（　　）。
A. 保管合同　　　B. 运输合同　　　C. 租赁合同　　　D. 建设工程合同
『正确答案』A
『答案解析』本题考查的是合同的分类。实践合同（又称要物合同）是指除当事人双方意思表示一致以外，尚需交付标的物才能成立的合同，如保管合同。

【例 5-2】（单选题）要式合同是指（　　）的合同。
A. 法律上已经确定了一定的名称和规则
B. 当事人双方互相承担义务
C. 根据法律规定必须采用特定形式
D. 当事人双方意思表示一致即告成立

『正确答案』C

『答案解析』本题考查的是合同的法律特征和订立原则。要式合同，是指根据法律规定必须采取特定形式的合同。

【例5-3】（多选题）根据《合同法》的相关规定，施工合同属于（　　）。

A. 要式合同　　　B. 实践合同　　　C. 有偿合同　　　D. 双务合同

E. 有名合同

『正确答案』ACDE

『答案解析』本题考查的是合同的分类。施工合同属于诺成合同、要式合同、有名合同、双务合同、有偿合同。

5.1.5　合同订立基本原则

1. 平等原则

民事主体在民事活动中的法律地位一律平等。合同当事人的法律地位平等，一方不得将自己的意志强加给另一方。

2. 自愿原则

民事主体从事民事活动，应当遵循自愿原则，按照自己的意思设立、变更、终止民事法律关系。自愿应以不违背法律、法规强制性规定，不违背社会公德，不扰乱社会经济秩序，不损害社会公共利益为前提。

3. 公平原则

民事主体从事民事活动，应当遵循公平原则，合理确定各方的权利和义务。

4. 诚实信用原则

民事主体从事民事活动，应当遵循诚信原则，秉持诚实，恪守承诺。

5. 公序良俗原则

民事主体从事民事活动，不得违反法律，不得违背公序良俗。

5.2　合同的订立

合同订立的过程是当事人双方通过对合同条款进行协商达成一致的过程。《民法典》第四百七十一条规定，当事人订立合同，可以采取要约、承诺方式或者其他方式。

5.2.1　要约

33. 合同订立的程序

1. 要约的概念

《民法典》第四百七十二条规定，要约是希望和他人订立合同的意思表示，该意思表示应当符合下列规定：

（1）内容具体确定；

（2）表明经受要约人承诺，要约人即受该意思表示约束。

要约是一种法律行为。它表现在规定的有效期限内，要约人要受到要约的约束。受要约人若按时和完全接受要约条款时，要约人负有与受要约人签订合同的义务。否则，要约人对由此造成受要约人的损失应承担法律责任。

2. 要约邀请

《民法典》第四百七十三条规定，要约邀请是希望他人向自己发出要约的意思表示。拍卖公告、招标公告、招股说明书、债券募集办法、基金招募说明书、商业广告和宣传、寄送的价目表等为要约邀请。

商业广告和宣传的内容符合要约条件的，构成要约。

3. 要约生效

《民法典》第一百三十七条规定，以对话方式作出的意思表示，相对人知道其内容时生效。

以非对话方式作出的意思表示，到达相对人时生效。以非对话方式作出的采用数据电文形式的意思表示，相对人指定特定系统接收数据电文的，该数据电文进入该特定系统时生效；未指定特定系统的，相对人知道或者应当知道该数据电文进入其系统时生效。当事人对采用数据电文形式的意思表示的生效时间另有约定的，按照其约定。

要约生效要件包括：

（1）要约是由特定主体作出的意思表示；

（2）要约必须表明经受要约人承诺，要约人即受该意思表示约束；

（3）要约必须向要约人希望与之缔结合同的受要约人发出；

（4）要约的内容必须具体确定。

4. 要约撤回与要约撤销

要约撤回，是指要约在发生法律效力之前，要约人欲使其不发生法律效力而取消要约的意思表示。要约的约束力一般是在要约生效之后才发生，要约未生效之前，要约人可以撤回要约。

要约虽然生效后对要约人有约束力，但是，在特殊情况下，考虑要约人的利益，在不损害受要约人的前提下，要约是应该被允许撤销的。但是，有下列情形之一的，要约不得撤销：

（1）要约人确定了承诺期限或者以其他形式明示要约不可撤销；

（2）受要约人有理由认为要约是不可撤销的，并已经为履行合同做了合理准备工作。

要约的撤回与要约的撤销都是否定了已经发出去的要约。其区别在于：要约的撤回发生在要约生效之前，而要约的撤销是发生在要约生效之后。

5. 要约失效

有下列情形之一的，要约失效：

（1）要约被拒绝；

（2）要约被依法撤销；

（3）承诺期限届满，受要约人未作出承诺；

（4）受要约人对要约的内容作出实质性变更。

【知识链接】

甲发出一封要约信给乙，要订购一批水泥，价格、数量、时间均非常明确，并派丙去送信。信送出后甲又后悔了，在丙还没有把信送达乙之前收回信，称为要约的撤回。

如乙收到信，但乙还没来得及回信说同意（承诺通知），此时甲电话通知说取消信上所说的内容，则称为要约的撤销。

如甲在信上说要求对方在 15 日内备好货。乙收到信后马上进了 30t 水泥，则此时即使乙还没来得及回信说同意，甲也不可撤销该要约。

【例 5-4】（单选题）甲施工企业 3 月 1 日向乙供应商发出采购单购买一批建材，要求乙在 3 月 5 日前回复；乙 3 月 1 日即收到甲的采购单。3 月 2 日甲再次发函给乙取消本次采购。乙收到两份函件后于 3 月 4 日发函至甲表示同意履行 3 月 1 日的采购单。则（　　）。

A. 甲 3 月 2 日的行为属于要约撤回

B. 乙 3 月 4 日的行为属于新要约

C. 甲的要约已经撤销

D. 甲乙之间买卖合同成立

『正确答案』D

『答案解析』本题考查的是合同的要约与承诺。因为确定了承诺期限的要约属于不可撤回的要约。所以选项 A、B、C 错误。乙表示同意执行，实际为承诺，则甲乙之间合同成立。

【例 5-5】（多选题）撤回要约的通知应当（　　）。

A. 在要约到达受要约人之后到达受要约人

B. 在受要约人发出承诺之前到达受要约人

C. 在受要约人发出承诺同时到达受要约人

D. 在要约到达受要约人之前到达受要约人

E. 与要约同时到达受要约人

『正确答案』DE

『答案解析』本题考查的是要约。要约可以撤回，但撤回要约的通知应当在要约到达受要约人之前或者与要约同时到达受要约人。要约可以撤销，但撤销要约的通知应当在受要约人发出承诺通知之前到达受要约人。

5.2.2　承诺

1. 承诺的概念

《民法典》第四百七十九条规定，承诺是受要约人同意要约的意思表示。

承诺也是一种法律行为。承诺必须是要约的相对人在要约有效期限内以明示的方式作出，并送达要约人；承诺必须是承诺人作出完全同意要约的条款才有效。如果受要约人对要约中的某些条款提出修改、补充、部分同意，附有条件或者另行提出新的条件以及迟到送达的承诺，都不被视为有效的承诺，而被称为新要约。

2. 承诺具有法律约束力的条件

（1）承诺须由受要约人向要约人作出。非受要约人向要约人作出的意思表示不属于承诺，而是一种要约；

（2）承诺须向要约人作出；

（3）承诺的内容应与要约的内容完全一致；承诺是受要约人愿意接受要约的全部内容与要约人订立合同的意思表示；因此，承诺是对要约完全同意，是对要约无条件的接受；

（4）承诺人必须在要约有效期限内作出承诺。受要约人超过承诺期限发出承诺的，除要约人及时通知受要约人该承诺有效的以外，为新要约。

3. 承诺的方式

承诺应当以通知的方式作出，但根据交易习惯或者要约表明可以通过行为作出承诺的除外。

通知的方式，是指承诺人以口头形式或书面形式明确告知要约人完全接受要约内容作出的意思表示。

行为的方式，是指承诺人依照交易习惯或要约的条款能够为要约人确认承诺人接受要约内容作出的意思表示。

4. 承诺的期限

《民法典》第四百八十一条规定，承诺应当在要约确定的期限内到达要约人。要约没有确定承诺期限的，承诺应当依照下列规定：

（1）要约以对话方式作出的，应当及时作出承诺；

（2）要约以非对话方式作出的，承诺应当在合理期限内到达。

承诺的生效指承诺何时产生法律效力。根据《民法典》规定，承诺在承诺通知到达要约人时生效，承诺生效时合同成立。

5. 承诺生效的地点

《民法典》第四百九十二条规定，承诺生效的地点为合同成立的地点。

采用数据电文形式订立合同的，收件人的主营业地为合同成立的地点；没有主营业地的，其住所地为合同成立的地点。当事人另有约定的，按照其约定。

《民法典》第四百九十三条规定，当事人采用合同书形式订立合同的，最后签名、盖章或者按指印的地点为合同成立的地点，但是当事人另有约定的除外。

6. 承诺撤回、超期和延误

（1）承诺撤回

承诺可以撤回，撤回承诺的通知应当在承诺通知到达要约人之前或者与承诺通知同时到达要约人。

注意：要约可以撤回，也可以撤销。但承诺却只可以撤回，不可以撤销。

（2）承诺超期

承诺超期，也即承诺的迟到，是指受要约人主观上超过承诺期而发出的承诺。

（3）承诺延误

承诺延误指承诺人发出承诺后，因外界原因而延误到达。《民法典》第四百八十七条规定，受要约人在承诺期限内发出承诺，按照通常情形能够及时到达要约人，但因其他原因承诺到达要约人时超过承诺期限的，除要约人及时通知受要约人因承诺超过期限不接受该承诺外，该承诺有效。

【知识链接】

甲向乙订购电梯 3 部，要求 3 天内作出答复，乙在第 2 天就答复说只有两部电梯可交易，则此答复视为乙向甲发出的一个新要约。

甲向乙订购电梯 3 部，要求 3 天内作出答复，乙在第 2 天就答复说可以，但是电梯的外包装箱换新版了，颜色和原来的有点不一样，这个视为原要约的承诺。

5.3　合同的效力

合同效力是法律赋予依法成立的合同所产生的约束力。合同的效力可分为四大类，即有效合同，无效合同，效力待定合同，可变更、可撤销合同。

合同的效力，有狭义概念与广义概念之分。

34. 合同生效及生效后的无效、可撤销及效力待定合同

狭义的合同的效力，是指有效成立的合同，依法产生了当事人预期的法律效果。合同的订立是规范缔约当事人之间如何达成合意，合同的效力则是进一步规范当事人的合意应具有怎样的法律效力。只要当事人之间的意志不违反国家法律的规定，当事人的意志即发生法律效力。一般而言，我们所讲的合同的效力，通常指的是狭义的效力概念。

广义的合同的效力，则是泛指合同所产生的所有司法效果。从广义上讲，不仅有效成立的合同能产生一定的法律效果，无效的合同、效力待定的合同、可撤销的合同，也会产生一定的法律效果，附条件或附期限的合同在条件或规定期限前也具有一定的法律效力。

广义的合同的效力，还可以包括违反有效合同时所产生的法律效果。依法成立的合同对当事人具有法律拘束力，当事人应当履行其所承担的义务，如果当事人不履行其义务，应依法承担民事责任。此责任的产生虽然不是当事人所预期的效果，但也是基于合同所产生的，应属于广义的合同的效力的范畴。

5.3.1　合同的生效

1. 合同的成立

承诺生效时合同成立。

当事人采用合同书形式订立合同的，自当事人均签名、盖章或者按指印时合同成立。在签名、盖章或者按指印之前，当事人一方已经履行主要义务，对方接受时，该合同成立。

法律、行政法规规定或者当事人约定合同应当采用书面形式订立，当事人未采用书面形式但是一方已经履行主要义务，对方接受时，该合同成立。

当事人采用信件、数据电文等形式订立合同要求签订确认书的，签订确认书时合同成立。

当事人一方通过互联网等信息网络发布的商品或者服务信息符合要约条件的，对方选择该商品或者服务并提交订单成功时合同成立，但是当事人另有约定的除外。

合同成立不同于合同生效。合同生效是法律认可合同效力，强调合同内容合法性。因此，合同成立体现了当事人的意志，而合同生效体现国家意志。

2. 合同生效

合同的成立只意味着当事人之间已经就合同的内容达成一致，但是合同能否产生法律效力还要看它是否符合法律规定。合同生效，是指已经成立的合同因符合法律规定而受到法律保护，并能够产生当事人所预想的法律后果。合同生效应具备以下要件：

(1) 合同当事人应具有相应的民事权利能力和民事行为能力；

(2) 合同当事人意思表示自愿和真实；

(3) 合同不违反法律或社会公共利益；

(4) 具备法律所要求的形式。

【例 5-6】

1. 基本案情

S 省某建筑工程公司因施工期紧迫，而事先未能与有关厂家订好供货合同，造成施工过程中水泥短缺，急需 100t 水泥。该建筑工程公司同时向 A 市甲水泥厂和 B 市乙水泥厂发函，函件中称："如贵厂有 300 号矿渣水泥现货（袋装），吨价不超过 1500元，请求接到信 10 天内发货 100t。货到付款，运费由供货方自行承担。"

A 市甲水泥厂接信当天回信，表示愿以吨价 1600 元发货 100t，并于第 3 天发货100t 至 S 省建筑工程公司，建筑工程公司于当天验收并接收了货物。

B 市乙水泥厂接到要货的信件后，积极准备货源，于接信后第 7 天，将 100t 袋装300 号矿渣水泥装车，直接送至某建筑工程公司，结果遭到某建筑工程公司的拒收。理由是：本建筑工程仅需要 100t 水泥，至于给乙水泥厂发函，只是进行询问协商，不具有法律约束力。乙水泥厂不服，于是向人民法院提起了诉讼，要求依法处理。并要求某建筑工程公司支付违约金。

2. 案件审理

乙水泥厂与建筑工程公司之间存在生效的合同关系，建筑工程公司拒收乙水泥厂水泥的行为构成违约，乙水泥厂不可以请求建筑工程公司支付违约金，但可以请求其赔偿因其拒收行为致乙水泥厂的损失。

3. 案例评析

本案例涉及合同订立中的要约、承诺规则，本案中，某建筑工程公司发给乙水泥厂的函电中，对标的、数量、规格、价款、履行期、履行地点等有明确规定，应认为内容确定。而且从其内容中可以看出，一经乙水泥厂承诺，某建筑工程公司即受该意思表示约束，所以构成有效的要约。在其要约有效期内，某建筑工程公司应受其要约的约束。由于某建筑工程公司在其函电中要求受要约人在 10 天内直接发货，所以乙水泥厂在接到信件 7 天后发货的行为是以实际履行行为而对要约的承诺，因此可以认定在双方当事人之间存在生效的合同关系。由于某建筑工程公司与乙水泥厂的要约、承诺成立，二者之间存在有效的合同，由于某建筑工程公司拒收货物的行为构成违约，应承担违约责任。

由于双方当事人没有约定违约金或损失赔偿额的计算方法，所以人民法院应根据实际情况确定损失赔偿额，其数额应相当于因某建筑工程公司违约给乙公司所造成的损失，包括合同履行后可以获得的利益，但不得超过某建筑工程公司在订立合同时应当预见的因违反合同可能造成的损失。这里应注意的是，只有当事人双方明确约定有违约金条款的，才有违约金责任的适用。否则，一方不能请求另一方承担违约金责任。

5.3.2 无效合同

1. 无效合同的特征

（1）具有违法性；

（2）具有不可履行性；

（3）自订立之时就不具有法律效力。

2. 无效合同类型

《民法典》第一百四十四条规定，无民事行为能力人实施的民事法律行为无效。

《民法典》第一百四十六条规定，行为人与相对人以虚假的意思表示实施的民事法律行为无效。

以虚假的意思表示隐藏的民事法律行为的效力，依照有关法律规定处理。

《民法典》第一百五十三条规定，违反法律、行政法规的强制性规定的民事法律行为无效。但是，该强制性规定不导致该民事法律行为无效的除外。

违背公序良俗的民事法律行为无效。

第一百五十四条规定，行为人与相对人恶意串通，损害他人合法权益的民事法律行为无效。

3. 免责条款

免责条款是指合同当事人在合同中预先约定的，旨在限制或免除其未来责任的条款。

合同中的下列免责条款无效：

（1）造成对方人身伤害的；

（2）因故意或者重大过失造成对方财产损失的。

人身权和财产权是法律赋予公民的权利，如果合同中的免责条款侵犯了人身权和财产权，该条款属于违法条款而无效。

4. 无效建设工程施工合同

（1）承包人未取得建筑施工企业资质或者超越资质等级的；

（2）没有资质的实际施工方借用有资质的建筑施工企业名义的；

（3）建设工程必须招标而未招标或者中标无效的。

承包人因转包、违法分包建设工程与他人签订的建设工程施工合同，应当依据《民法典》的规定，认定无效。

5.3.3 可撤销合同

1. 可撤销合同的特点

可撤销合同，是指合同当事人订立的合同欠缺生效条件时，一方当事人可以按照自己的意思，请求人民法院或仲裁机构作出裁定，使合同的内容变更或使合同的效力归于消灭的合同。

可撤销合同具有以下的特点：

（1）可撤销合同是当事人意思表示不真实的合同；

（2）可撤销合同在未被撤销之前，仍然是有效合同；

（3）对可撤销合同的撤销，必须由撤销人请求人民法院或仲裁机构作出；

（4）当事人可以撤销合同，也可以变更合同的内容，甚至可以维持原合同保持不变。

2. 可撤销合同的种类

（1）因重大误解订立的合同

《民法典》第一百四十七条规定，基于重大误解实施的民事法律行为，行为人有权请求人民法院或者仲裁机构予以撤销。

（2）因乘人之危致使显失公平的合同

《民法典》第一百五十一条规定，一方利用对方处于危困状态、缺乏判断能力等情形，致使民事法律行为成立时显失公平的，受损害方有权请求人民法院或者仲裁机构予以撤销。

（3）一方以欺诈手段订立的合同

《民法典》第一百四十八条规定，一方以欺诈手段，使对方在违背真实意思的情况下实施的民事法律行为，受欺诈方有权请求人民法院或者仲裁机构予以撤销。

《民法典》第一百四十九条规定，第三人实施欺诈行为，使一方在违背真实意思的情况下实施的民事法律行为，对方知道或者应当知道该欺诈行为的，受欺诈方有权请求人民法院或者仲裁机构予以撤销。

（4）以胁迫手段订立的合同

《民法典》第一百五十条规定，一方或者第三人以胁迫手段，使对方在违背真实意思的情况下实施的民事法律行为，受胁迫方有权请求人民法院或者仲裁机构予以撤销。

3. 合同撤销权的行使

受损害方有权请求人民法院或者仲裁机构变更或者撤销。当事人请求变更的，人民法院或者仲裁机构不得撤销。

《民法典》第一百五十二条规定，有下列情形之一的，撤销权消灭：

（1）当事人自知道或者应当知道撤销事由之日起一年内、重大误解的当事人自知道或者应当知道撤销事由之日起九十日内没有行使撤销权；

（2）当事人受胁迫，自胁迫行为终止之日起一年内没有行使撤销权；

（3）当事人知道撤销事由后明确表示或者以自己的行为表明放弃撤销权。

当事人自民事法律行为发生之日起五年内没有行使撤销权的，撤销权消灭。

5.3.4　履行无效合同和被撤销合同而产生的财产处理原则

合同无效或被撤销后，合同规定的权利义务即为无效。履行中的合同应当终止履行，尚未履行的不得继续履行。对因履行无效合同和被撤销合同而产生的财产后果应当依法进行如下处理：

1. 返还财产或折价补偿

返还财产是处理这类合同的主要方式。当事人依据该合同所取得的财产，应当返还给对方。不能返还或者没有必要返还的，应当折价补偿。

2. 赔偿损失

合同被确认无效或者被撤销后，有过错的一方应赔偿对方因此所受到的损失。若双方都有过错，应当根据过错的大小各自承担相应的责任。

3. 追缴财产，收归国有

如果是损害国家利益的，当事人一方或双方取得的财产都应当收缴归入国库。如果是损害集体或者第三人利益的，则应将取得的财产返还给集体或第三人。

5.3.5 可撤销合同与无效合同的区别

1. 效力不同

可撤销合同在未被撤销前有效，在被撤销后自始无效。可撤销合同主要是意思表示不真实的合同，其撤销一般是由撤销权人申请人民法院或者仲裁机构实现撤销权。撤销合同后，合同归于无效。被撤销的合同自始没有法律约束力，当事人因合同取得的财产，应当予以返还或者折价补偿。对此具有过错的一方，应当承担赔偿责任，赔偿对方由此所受到的损失。无效合同是非法合同，不发生效力。

2. 期限不同

可撤销合同中具有撤销权的当事人，从知道撤销事由之日起1年内没有行使撤销权，或者知道撤销事由后明确表示，或者以自己的行为表示放弃撤销权，则撤销权消灭。无效合同从订立之日起就无效，不存在期限。

5.3.6 效力待定合同

效力待定合同，是指合同虽然已经成立，但因其不完全符合合同的生效要件，因此其法律效力能否发生还不能确定，一般须经权利人确认才能生效的合同。效力待定合同包括以下类型：

（1）限制民事行为能力人订立的合同，经法定代理人追认后，该合同有效，但纯获利益的合同或者与其年龄、智力、精神健康状况相适应而订立的合同，不必经法定代理人追认。

（2）一般来讲，无民事行为能力人不能订立合同，只能由其法定代理人代理签订合同，否则合同无效。如果订立合同，该合同必须经过其法定代理人的追认，合同才能产生法律效力。

（3）行为人没有代理权、超越代理权或者代理权终止后以被代理人名义订立的合同，未经被代理人追认，对被代理人不发生效力，由行为人承担责任。

（4）法定代表人、负责人超越权限订立的合同。

（5）无权处分财产人订立的合同。

5.4　合同的履行、变更、转让及终止

5.4.1 合同的履行

合同履行，是指合同当事人双方根据合同条款的规定，实现各自享有的权利，并承担

各自负有的义务。合同订立并生效后，合同便成为约束和规范合同当事人行为的法律依据。

当事人应当按照约定全面履行自己的义务。

当事人应当遵循诚信原则，根据合同的性质、目的和交易习惯履行通知、协助、保密等义务。

35. 合同履行、保全、变更、转让及终止

当事人在履行合同过程中，应当避免浪费资源、污染环境和破坏生态。

1. 合同履行的基本原则

（1）全面适当履行

全面适当履行指合同当事人按照合同约定全面履行自己的义务，包括履行义务的主体、标的、数量、质量、价款或者报酬以及履行的方式、地点、期限等，都应当按照合同的约定全面履行。

（2）诚实信用

合同的履行应当严格遵循诚实信用原则。一方面要求当事人除了应履行法律和合同规定的义务外，还应当履行依据诚实信用原则所产生的各种附随义务，包括相互协作和照顾义务、瑕疵的告知义务、使用方法的告知义务、重要事情的告知义务、保密义务等。另一方面，在法律和合同规定的内容不明确或者欠缺规定的情况下，当事人应当依据诚实信用原则履行义务。

2. 合同履行中约定不明情况的处置

（1）合同生效后，当事人就质量、价款或者报酬、履行地点等内容没有约定或者约定不明确的，可以协议补充；不能达成补充协议的，按照合同有关条款或者交易习惯确定。

（2）当事人就有关合同内容约定不明确，依照（1）的规定仍不能确定的，适用下列规定：

1）质量要求不明确的，按照国家标准、行业标准履行；没有国家标准、行业标准的，按照通常标准或者符合合同目的的特定标准履行。

2）价款或者报酬不明确的，按照订立合同时履行地的市场价格履行；依法应当执行政府定价或者政府指导价的，按照规定履行。

3）履行地点不明确，给付货币的，在接受货币一方所在地履行；交付不动产的，在不动产所在地履行；其他标的，在履行义务一方所在地履行。

4）履行期限不明确的，债务人可以随时履行，债权人也可以随时要求履行，但应当给对方必要的准备时间。

5）履行方式不明确的，按照有利于实现合同目的的方式履行。

6）履行费用的负担不明确的，由履行义务一方负担。因债权人原因增加的履行费用，由债权人负担。

（3）合同中执行政府定价或者政府指导价的法律规定

《民法典》第五百一十三条规定，执行政府定价或者政府指导价的，在合同约定的交付期限内政府价格调整时，按照交付时的价格计价。逾期交付标的物的，遇价格上涨时，按照原价格执行；价格下降时，按照新价格执行。逾期提取标的物或者逾期付款的，遇价格上涨时，按照新价格执行；价格下降时，按照原价格执行。

3. 合同履行中的抗辩权

抗辩权，是指在双务合同的履行中，双方都应履行自己的债务，一方不履行或有可能不履行时，另一方可以据此拒绝对方的履行要求。包括同时履行抗辩权、后履行抗辩权、先履行抗辩权。抗辩权的行使只能暂时拒绝对方的履行请求，即中止履行，而不能消灭对方的履行请求权。一旦抗辩权事由消失，原抗辩权人仍应履行其债务。

（1）同时履行抗辩权

当事人互负债务，没有先后履行顺序，应当同时履行。当对方当事人未履行合同义务时，一方当事人有拒绝履行合同义务的权利。同时履行抗辩权包括：一方在对方履行之前有权拒绝其履行要求；一方在对方履行不符合约定时，有权拒绝其相应的履行要求。

（2）后履行抗辩权

当事人互负债务，有先后履行顺序，当先履行债务的一方未按约定履行债务时，后履行的一方有权拒绝履行合同义务的权利。包括两种情形：一是当事人互负债务，有先后履行顺序，先履行一方未履行的，后履行一方有权拒绝其履行要求；二是先履行一方履行债务不符合约定的，后履行一方有权拒绝其相应的履行要求。

（3）先履行抗辩权（不安抗辩权）

当事人双方在合同中约定了履行的先后顺序，先履行债务的当事人掌握了后履行债务的当事人丧失或可能丧失履行债务能力的确切证据时，暂时停止履行其到期债务的权利。

应当先履行合同的一方有确切证据证明对方有下列情形之一的，可以中止履行：①经营状况严重恶化；②转移财产、抽逃资金，以逃避债务的；③丧失商业信誉；④有丧失或可能丧失履行债务能力的其他情形。中止履行的，及时通知对方；对方提供适当担保时，应恢复履行；中止履行后，对方在合理期限内未恢复履行能力且未提供适当担保的，中止履行的一方可以解除合同；当事人没有确切证据中止履行，应承担违约责任。

5.4.2 合同的变更、转让、终止

1. 合同的变更

合同的变更，是指对已经依法成立的合同，在承认其法律效力的前提下，对其进行修改或补充达成的协议。当事人协商一致，可以变更合同。法律、行政法规规定变更合同应当办理批准、登记等手续的，依照其规定。《民法典》第五百四十四条规定，当事人对合同变更的内容约定不明确的，推定为未变更。

合同变更后，当事人不得再按原合同履行，而须按变更后的合同履行。

2. 合同的转让

合同的转让是当事人一方取得另一方同意后将合同的权利义务全部或部分转让给第三方的法律行为。

《民法典》第五百四十五条规定，债权人可以将债权的全部或者部分转让给第三人，但有下列情形之一的除外：

（1）根据债权性质不得转让；

（2）按照当事人约定不得转让；

（3）依照法律规定不得转让。

当事人约定非金钱债权不得转让的，不得对抗善意第三人。当事人约定金钱债权不得

转让的，不得对抗第三人。

《民法典》第五百四十六条规定，债权人转让债权，未通知债务人的，该转让对债务人不发生效力。

债权转让的通知不得撤销，但是经受让人同意的除外。

《民法典》第五百四十七条规定，债权人转让债权的，受让人取得与债权有关的从权利，但是该从权利专属于债权人自身的除外。受让人取得从权利不因该从权利未办理转移登记手续或者未转移占有而受到影响。

《民法典》第五百四十八条规定，债务人接到债权转让通知后，债务人对让与人的抗辩，可以向受让人主张。

《民法典》第五百四十九条规定，有下列情形之一的，债务人可以向受让人主张抵销：

（1）债务人接到债权转让通知时，债务人对让与人享有债权，且债务人的债权先于转让的债权到期或者同时到期；

（2）债务人的债权与转让的债权是基于同一合同产生。

《民法典》第五百五十条规定，因债权转让增加的履行费用，由让与人负担。

《民法典》第五百五十一条规定，债务人将债务的全部或者部分转移给第三人的，应当经债权人同意。

债务人或者第三人可以催告债权人在合理期限内予以同意，债权人未作表示的，视为不同意。

《民法典》第五百五十二条规定，第三人与债务人约定加入债务并通知债权人，或者第三人向债权人表示愿意加入债务，债权人未在合理期限内明确拒绝的，债权人可以请求第三人在其愿意承担的债务范围内和债务人承担连带债务。

5.4.3　合同的终止与解除

1. 合同终止的条件

合同终止，是指合同当事人双方依法使相互间的权利义务关系终止，即合同关系消灭。《民法典》第五百五十七条规定，有下列情形之一的，债权债务终止：

（1）债务已经按照约定履行；

（2）债务相互抵销；

（3）债务人依法将标的物提存；

（4）债权人免除债务；

（5）债权债务同归于一人；

（6）法律规定或者当事人约定终止的其他情形。

合同解除的，该合同的权利义务关系终止。

2. 合同解除

合同解除，是指合同的一方当事人按照法律规定或者双方当事人约定的解除条件使合同不再对双方当事人具有法律约束力的行为，或者合同各方当事人经协商消灭合同的行为。

合同解除的条件可分为约定解除条件和法定解除条件。

《民法典》第五百六十三条规定，有下列情形之一的，当事人可以解除合同：

（1）因不可抗力致使不能实现合同目的；

（2）在履行期限届满前，当事人一方明确表示或者以自己的行为表明不履行主要债务；

（3）当事人一方迟延履行主要债务，经催告后在合理期限内仍未履行；

（4）当事人一方迟延履行债务或者有其他违约行为致使不能实现合同目的；

（5）法律规定的其他情形。

以持续履行的债务为内容的不定期合同，当事人可以随时解除合同，但是应当在合理期限之前通知对方。

3. 合同解除的法律后果

当事人解除合同，应当通知对方，并且自通知到达对方时合同解除。若对方对解除合同持有异议，可以请求人民法院或者仲裁机构确认解除合同的效力。法律、行政法规规定解除合同应当办理批准、登记等手续的，在解除时应依照规定办理手续。

合同解除后，尚未履行的，终止履行；已经履行的，根据履行情况和合同性质，当事人可以要求恢复原状、采取其他补救措施，并有权要求赔偿损失。

合同的权利义务终止，不影响合同中结算和清理条款的效力。

5.5 违约责任与合同争议的解决

违约责任，是指合同当事人任何一方不履行合同义务或履行合同义务不符合约定而应当承担的法律责任。违约行为的表现形式包括不履行和不适当履行。

1. 承担违约责任的原则

《民法典》规定承担违约责任是以补偿性为原则。补偿性，是指违约责任旨在弥补或补偿因违约造成的损失。对于财产损失的赔偿范围，《民法典》规定，赔偿损失额应相当于因违约行为所造成的损失，包括合同履行后可获得的利益。约定的违约金不足以弥补对方造成的损失，还要偿付赔偿金补偿不足部分。

36. 合同违约及合同争议的解决方法

2. 违约责任承担的形式

（1）继续履行

继续履行，是指违反合同的当事人不论是否承担了赔偿金或者违约金责任，根据另一方的要求，在自己能够履行的条件下，继续履行合同义务。如施工合同中约定了延期竣工的违约金，承包人没有按约定期限完成施工任务，承包人应支付延期竣工的违约金，但发包人仍然有权要求承包人继续施工。但下列情形除外：

1）法律上或事实上不能履行；

2）标的物不适于强制履行或者履行费用过高；

3）债权人在合理期限内未要求履行。

（2）采取补救措施

补救措施，是指在发生违约行为后，为防止损失的发生或者进一步扩大，违约方按照法律规定或者约定以及双方当事人的协商，采取修理、更换、重做、退货、减少价款或者报酬、补充数量、物资处置等手段，弥补或者减少非违约方的损失的责任形式。

采取补救措施的责任形式，主要发生在质量不符合约定的情况下。建设工程合同中，采取补救措施是施工单位承担违约责任常用的方法。

（3）赔偿损失

当事人一方不履行合同义务或者履行合同义务不符合约定，给对方造成损失的，赔偿额应当相当于因违约所造成的损失，包括合同履行后可以获得的利益，但不得超过违反合同一方订立合同时预见，或者应当预见到的因违反合同可能造成的损失。当事人一方违约后，对方应当采取适当措施防止损失的扩大；没有采取适当措施致使损失扩大的，不得就扩大的部分要求赔偿。当事人因防止损失扩大而支出的合理费用，由违约方承担。

（4）支付违约金

违约金，是指当事人在合同中或订立合同后约定或法律直接规定的，违约方发生违约行为时向另一方当事人支付一定数额的货币。违约金具有约定性、预定性、赔偿性和惩罚性等特点。

《民法典》第五百八十五条规定，当事人可以约定一方违约时应当根据违约情况向对方支付一定数额的违约金，也可以约定因违约产生的损失赔偿额的计算方法。

约定的违约金低于造成损失的，当事人可以请求人民法院或者仲裁机构予以增加；约定的违约金高于造成损失的，当事人可以请求人民法院或者仲裁机构予以适当减少。

当事人就迟延履行约定违约金的，违约方支付违约金后，还应当履行债务。

违约金与赔偿损失不能同时采用。如果当事人约定了违约金，应当按支付违约金承担违约责任。

3. 定金罚则

定金，是指合同双方当事人约定的，为担保合同的顺利履行，在订立合同时，或者订立后履行前，按照合同标的的一定比例，由一方当事人向对方给付一定数额的货币或者其他替代物。定金具有双重作用：首先定金是合同的一种担保形式，如果给付定金的一方不履行合同义务，则无权要求对方返还定金；同时，定金也是一种违约责任，接受定金一方在对方违约时可以没收定金，相反，如果接受定金一方违约，则应当双倍返还定金。

《民法典》第五百八十八条规定，当事人既约定违约金，又约定定金的，一方违约时，对方可以选择适用违约金或者定金条款。

定金不足以弥补一方违约造成的损失的，对方可以请求赔偿超过定金数额的损失。

4. 违约的免责规定

违约责任的免除，是指合同生效后，当事人之间因不可抗力事件的发生，造成合同不能履行时，依法可以免除责任。

不可抗力，是指当事人在订立合同时不能预见、对其发生和后果不能避免并不能克服的客观情况。不可抗力事件一般包括两大类：一类是自然事件，如水灾、火灾、地震、飓风等；另一类是社会事件，如战争、动乱、暴乱、罢工等。

不可抗力事件发生后，当事人一方应及时通知对方，以减轻可能给对方造成的损失，并且应当在合理的期限内提供证明。及时通知对方，是当事人的首要义务，目的在于避免给对方造成更大的损失，如果当事人通知不及时，而给对方造成损失的扩大，则对扩大的损失不能免除责任。

思考与练习

一、单项选择题

1. 下列合同订立的原则中，可以作为合同当事人的行为准则，防止当事人滥用权利，保护当事人合法权益，维护和平衡当事人之间的利益的原则是（   ）。

A. 合法原则　　　 B. 诚实信用原则　　 C. 公平原则　　　 D. 自愿原则

2. 根据合同的分类，下列合同属于无偿合同的是（   ）。

A. 买卖合同　　　 B. 赠与合同　　　 C. 租赁合同　　　 D. 加工承揽合同

3. 建设工程合同是承包人进行工程建设，（   ）支付价款的合同。

A. 发包人　　　　 B. 监理人　　　　 C. 勘察人　　　　 D. 设计人

4. 下列选项中属于要约的是（   ）。

A. 投标书　　　　 B. 招标公告　　　 C. 招股说明书　　 D. 拍卖公告

5. 合同的成立一般要经过（   ）阶段。

A. 要约邀请和承诺　　　　　　　　　 B. 要约和承诺

C. 要约邀请和要约　　　　　　　　　 D. 要约邀请、要约和承诺

6. 某建设工程施工合同约定工程开工、竣工日期分别为 2022 年 3 月 1 日和 2023 年 10 月 1 日，2023 年 10 月 20 日工程实际竣工。由于发包人未按约定支付工程款，承包人欲行使工程价款优先受偿权，其最迟必须在（   ）前行使。

A. 2022 年 9 月 1 日　　　　　　　　 B. 2022 年 4 月 1 日

C. 2024 年 4 月 20 日　　　　　　　　 D. 2024 年 10 月 20 日

7. 乙施工企业承包的由甲投资建设的某工程项目，合同约定由乙部分垫资，待工程竣工验收合格后全部结算，工程验收合格后，结算过程中双方就工程款发生了纠纷，诉至法院。乙除要求甲结算工程款外，还提出对垫资的利息要求。法院对垫资利息的正确处理是（   ）。

A. 按民间借贷处理，垫资的利息为银行同期同类贷款利率

B. 按银行借贷处理，垫资的利息按略高于银行同期同类贷款利率计算

C. 合同中并无利息的约定，垫资不计息

D. 甲乙双方签订的有垫资条款的合同因违反了政府的有关规定而无效，法院不予受理

8. 材料供应合同中对钢材的价款约定不明确，双方不能协商一致，且依合同有关条款等仍不能推定。则该价款按（   ）履行。

A. 订立时履行地市场价格　　　　　　 B. 履行时订立地市场价格

C. 履行时履行地市场价格　　　　　　 D. 政府指导价格

9. 甲施工企业与乙水泥厂签订水泥供应合同，在约定的履行日期届满时，水泥厂未能按时供应水泥。由于甲施工企业没有采取适当措施寻找货源，致使损失扩大。对于扩大的损失应该由（   ）。

A. 乙水泥厂承担　　　　　　　　　　 B. 双方连带责任

C. 双方按比例承担　　　　　　　　　 D. 甲施工企业承担

10. 乙方当事人的违约行为导致工程受到损失，甲方没有采取任何措施减损，导致损

失扩大到 5 万元。甲方与乙方就此违约事实发生纠纷，经鉴定机构鉴定，乙方的违约行为给甲方造成的损失是 2 万元，乙方应该向甲方赔偿损失（　　）万元。

A. 1　　　　　　　　B. 2　　　　　　　　C. 3　　　　　　　　D. 5

二、多项选择题

1. 根据合同的分类，赠与合同属于（　　）。

A. 双务合同　　　　B. 单务合同　　　　C. 有偿合同

D. 无偿合同　　　　E. 不要式合同

2. 《民法典》规定，要约邀请包括（　　）等。

A. 递交投标文件　　B. 招标公告　　　　C. 拍卖公告

D. 招标说明书　　　E. 寄送价目表

3. 应当采用书面形式的合同有（　　）。

A. 建设工程勘察合同　　　　　　　B. 委托合同

C. 建设工程施工合同　　　　　　　D. 承揽合同

E. 建设工程设计合同

4. 发包人应当承担赔偿损失责任的情形有（　　）。

A. 未及时检查隐蔽工程造成的损失

B. 偷工减料造成的损失

C. 验收违法行为造成的损失

D. 中途变更承包工作要求造成的损失

E. 提供图纸或者技术要求不合理且怠于答复造成的损失

模块6

Chapter 06

建设工程施工合同管理

知识目标

了解建设工程施工合同的基本概念、熟悉建设工程施工合同种类及特点；了解施工合同中承发包双方的一般权利和义务；熟悉施工合同示范文本中与工程质量、投资、进度控制有关的条款；掌握《建设工程施工合同（示范文本）》（GF—2017—0201）的组成及施工合同的管理。

能力目标

学会建设工程施工合同的谈判、签订；合同变更、合同纠纷的处理；具有进行施工索赔费用计算能力等。

素质目标

良好的法律意识。

6.1　建设工程施工合同基本知识

建设工程合同是承包人进行工程建设，发包人支付价款的合同。是在工程建设过程中发包人与承包人依法订立的，明确双方权利义务关系的协议。在建设工程合同中，承包人的主要义务是进行工程建设，权利是得到工程价款。发包人的主要义务是支付工程价款，权利是得到完整、符合约定的建筑产品。

6.1.1　建设工程合同分类

1. 按照工程建设阶段分

按照工程建设阶段分建设工程合同包括建设工程勘察、设计和施工合同。

37. 建设施工合同
的基本知识

（1）建设工程勘察合同

建设工程勘察合同是承包方进行工程勘察，发包人支付价款的合同。建设工程勘察单位称为承包方，建设单位或者有关单位称为发包方，也称为委托方。

建设工程勘察合同的标的是为建设工程需要而作的勘察成果。工程勘察是工程建设的第一个环节，也是保证建设工程质量的基础环节。为了确保工程勘察的质量，勘察合同的承包方必须是经国家或省级主管机关批准，持有"勘察许可证"，具有法人资格的勘察单位。

建设工程勘察合同必须符合国家规定的基本建设程序，勘察合同由建设单位或有关单位提出委托，经与勘察部门协商，双方取得一致意见，即可签订，任何违反国家规定的建设程序的勘察合同均是无效的。

（2）建设工程设计合同

建设工程设计合同是承包方进行工程设计，委托方支付价款的合同。建设单位或有关单位为委托方，建设工程设计单位为承包方。

建设工程设计合同为建设工程需要而作的设计成果。工程设计是工程建设的第二个环节，是保证建设工程质量的重要环节。工程设计合同的承包方必须是经国家或省级主管部门批准，持有"设计许可证"，具有法人资格的设计单位。只有具备了上级批准的设计任务书，建设工程设计合同才能订立；小型单项工程必须具有上级机关批准的文件方能订立。如果单独委托施工图设计任务，应当同时具有经有关部门批准的初步设计文件方能订立。

（3）建设工程施工合同

建设工程施工合同是工程建设单位与施工单位，也就是发包方与承包方以完成商定的建设工程为目的，明确双方相互权利义务的协议。建设工程施工合同的发包方可以是法人，也可以是依法成立的其他组织或公民，而承包方必须是法人。

2. 按承发包的工程范围和数量划分

按承发包的不同范围和数量进行划分，可以将建设工程合同分为建设工程总承包合同、建设工程承包合同、分包合同。发包人将工程建设的全过程发包给一个承包人的合同即为建设工程总承包合同。发包人如果将建设工程的勘察、设计、施工等内容分别发包给不同承包人的合同即为建设工程承包合同。经合同约定和发包人认可，从工程承包人承包的工程中承包部分工程而订立的合同即为建设工程分包合同。

3. 按照承包工程计价方式划分

按计价方式不同划分，建设工程合同分为总价合同、单价合同和成本加酬金合同。

（1）总价合同

总价合同，是指在合同中确定一个完成建设工程项目的总价，承包单位据此完成项目全部内容的合同。总价合同一般适用于工程量不太大且能够比较精确的计算，工期较短、技术较简单、风险比较小的项目。这类合同能够使建设单位在评标时易于确定报价最低的承包商，易于进行支付计算。它要求建设单位必须准备详细而全面的设计图纸（一般要求施工详图）和各项说明，使承包单位能准确计算工程量。

（2）单价合同

单价合同是承包人在投标时，按招标文件就分部分项工程所列出的工程量表，确定各分部分项工程费用的合同类型。这类合同的适用范围比较广，风险可以得到合理的分摊，且能鼓励承包单位通过提高工效等手段从成本节约中提高利润。但在应用中特别要注意的问题是双方对实际工程量计量的确认。

（3）成本加酬金合同

成本加酬金合同是由业主向承包人支付工程项目的实际成本，并按事先约定的方式支付酬金的一种合同类型，业主需承担项目实际发生的一切费用，因此也就承担了项目的全部风险，业主对工程总造价不易控制，承包商也往往不注意降低项目成本。主要适用于需要立即开展工作的项目；新型的工程项目；工程内容及技术经济指标不明确的项目；风险很大的项目。

6.1.2 建设工程合同的特征

1. 合同主体的严格性

建设工程合同主体一般只能是法人。发包人一般只能是经过批准进行工程项目建设的法人，必须有国家已批准建设的项目，并且应当具备相应的协调能力；承包人则必须具备法人资格，具备相应的从业资质，无营业执照或无承包资质的单位不能作为建筑工程施工合同的主体，资质等级低的单位不能越级承包建筑工程的施工。

2. 合同标的的特殊性

建设工程施工合同的标的是各类建筑产品，具有单件性、固定性，施工生产的流动性等特征，这些特性决定了建设工程施工合同标的的特殊性。

3. 合同履行期限的长期性

建设工程由于结构复杂、体积庞大、建筑材料类型多、工作量大、施工周期长，使得合同履行期限都较长。而且，建设工程施工合同的订立和履行一般都需要较长的准备期，在合同的履行过程中，还可能因为不可抗力、工程变更、材料供应不及时等原因而导致合同期限顺延。所有这些情况，决定了建设工程合同的履行期限具有长期性。

4. 计划和程序的严格性

工程建设对国家的经济发展影响很大，因此国家对建设工程的计划和程序都有严格的管理制度。订立建设工程合同必须以国家批准的投资计划为前提，即使是国家投资以外的、以其他方式筹集的投资也要受到当年的贷款规模和批准限额的限制，纳入符合当年投资规模的平衡，并经过严格的审批程序。建设工程合同的订立履行必须符合国家关于建设程序的规定。

5. 合同形式的特殊要求

我国《民法典》对合同采用书面形式还是口头形式没有限制，但考虑建设工程施工的长期性和复杂性，经常会发生影响合同履行的纠纷，因此，《民法典》规定，建设工程合同应当采用书面的形式。

【例 6-1】（单选题）关于合同形式的说法，正确的是（   ）。

A. 书面形式是主要的合同形式

B. 口头形式属于合同的其他形式

C. 书面形式合同是指纸质合同

D. 合同可以采用数据电文形式

『正确答案』D

『答案解析』本题考查的是建设工程合同的法定形式和内容。

6.1.3 建设工程施工合同订立条件

建设工程施工合同订立条件包括如下内容：

1. 初步设计已经批准。

2. 项目已列入年度建设计划。

3. 有能够满足施工需要的设计文件、技术资料。

4. 建设资金与主要设备来源已基本落实。

5. 招标投标的工程中标通知书已下达。

6.1.4 订立建设工程施工合同应当遵守的原则

1. 主体平等

任何民事主体在法律人格上也是一律平等的，享有独立的人格，不受他人的支配、干涉和控制。

2. 合同自由

当事人依法享有自愿订立合同的权利，任何单位和个人不得非法干预，包括缔结合同、选择缔约相对人、选择合同方式、决定合同内容、解释合同的自愿或自由。

3. 权利义务公平对等

在经济活动中，合同的任何一方当事人既享有权利，也承担相应义务，权利义务相对等。对于显失公平的合同，当事人一方有权要求法院或者仲裁机构予以撤销或变更。

4. 诚实信用

诚实信用，是指民事主体在从事包括合同行为在内的民事活动时，应该诚实守信，以善意的方式行使自己的权利和履行自己的义务，不得有任何欺诈行为。

5. 守法和维护社会公益

当事人订立合同、履行合同，应当遵守法律法规，遵守社会公德，不得扰乱社会经济秩序，损害社会公共利益。

6.2 建设工程施工合同示范文本

建设工程施工合同即建筑安装工程承包合同，是发包人与承包人为完成商定的建设工程项目，明确双方权利、义务关系的协议。依照施工合同，承包人应完成一定的建筑、安装工程任务，发包人应提供必要的施工条件并支付工程价款。

建设工程施工合同是工程建设的主要合同，是施工单位进行工程建设质量管理、进度、费用管理的主要依据之一。

38.《建设工程施工合同（示范文本）》概述

6.2.1 建设工程施工合同文本的主要条款

1.《建设工程施工合同（示范文本）》（GF—2017—0201）简介

为了指导建设工程施工合同当事人的签约行为，维护合同当事人的合法权益，依据《民法典》《建筑法》《招标投标法》以及相关法律法规，住房和城乡建设部、工商总局关于印发《建设工程施工合同（示范文本）》的通知（建市〔2017〕214 号），对《建设工程施工合同（示范文本）》（GF—2013—0201）进行了修订，制定了《建设工程施工合同（示范文本）》（GF—2017—0201）。

《建设工程施工合同（示范文本）》（GF—2017—0201）中的条款属于推荐使用，合同当事人应结合具体工程的特点加以取舍、补充，最终形成责任明确、操作性强的合同。

2.《建设工程施工合同（示范文本）》（GF—2017—0201）的组成

《建设工程施工合同（示范文本）》（GF—2017—0201）（以下简称《施工合同》）由合同协议书、通用合同条款、专用合同条款三部分组成，并附有 11 个附件：《承包人承揽工程项目一鉴表》《发包人供应材料设备一鉴表》《工程质量保修书》《主要建设工程文件目录》《承包人用于本工程施工的机械设备表》《承包人主要施工管理人员表》《分包人主要施工管理人员表》《履约担保格式》《预付款担保格式》《支付担保格式》《暂估价一览表》。

（1）合同协议书

合同协议书是《建设工程施工合同（示范文本）》中总纲性的文件。虽然文字量不大，但它规定了合同当事人双方最主要的权利义务，规定了组成合同的文件及合同当事人对履行合同义务的承诺，合同当事人在这份文件上签字盖章，因此具有很高的法律效力。

合同协议书共计 13 条，主要包括：工程概况、合同工期、质量标准、签约合同价和合同价格形式、项目经理、合同文件构成、承诺以及合同生效条件等重要内容，集中约定了合同当事人基本的合同权利义务。

（2）通用合同条款

通用合同条款是合同当事人根据《建筑法》等法律法规的规定，就工程建设的实施及相关事项，对合同当事人的权利义务作出的原则性约定。

通用合同条款共计 20 条，具体条款分别为：一般约定、发包人、承包人、监理人、工程质量、安全文明施工与环境保护、工期和进度、材料与设备、试验与检验、变更、价格调整、合同价格、计量与支付、验收和工程试车、竣工结算、缺陷责任与保修、违约、不可抗力、保险、索赔和争议解决。前述条款安排既考虑了现行法律法规对工程建设的有关要求，也考虑了建设工程施工管理的特殊需要。

（3）专用合同条款

专用合同条款是对通用合同条款原则性约定的细化、完善、补充、修改或另行约定的条款。合同当事人可以根据不同建设工程的特点及具体情况，通过双方的谈判、协商对相应的专用合同条款进行修改补充。在使用专用合同条款时，应注意以下事项：

1）专用合同条款的编号应与相应的通用合同条款的编号一致；

2）合同当事人可以通过对专用合同条款的修改，满足具体建设工程的特殊要求，避免直接修改通用合同条款；

3）在专用合同条款中有横道线的地方，合同当事人可针对相应的通用合同条款进行细化、完善、补充、修改或另行约定；如无细化、完善、补充、修改或另行约定，则填写"无"或"/"。

3. 施工合同文件的组成及解释顺序

组成建设工程施工合同的文件包括签订合同时形成的文件，履行过程中构成对双方有约束力的文件两大部分。

（1）订立合同时形成的文件包括：①合同协议书；②中标通知书；③投标书及其附件；④本合同专用条款；⑤合同通用条款；⑥标准、规范及有关技术文件；⑦图纸；⑧工程量清单；⑨工程报价单或预算书。

39. 施工合同文件的组成及解释顺序

（2）合同履行过程中形成的文件中双方有关工程的洽商、变更等书面协议或文件，视为协议书的组成部分。

合同文件应能够互相解释、互相说明。当合同文件中出现不一致时，上面的顺序就是合同的优先解释顺序。当合同文件出现含糊不清或当事人有不同理解时，按照合同争议的解决方式处理。

6.2.2　施工合同双方的一般权利和义务

1. 发包人的工作

根据专用条款约定的内容和时间，发包人应完成以下工作：

（1）办理土地征用、拆迁补偿、平整施工场地等工作，使施工场地具备施工条件，在开工后继续负责解决以上事项遗留问题；

40. 施工合同订立时双方的权利和义务

（2）将施工所需水、电、电信线路从施工场地外部接至专用条款约定地点，保证施工期间的需要；

（3）开通施工场地与城乡公共道路的通道以及专用条款约定的施工场地内的主要道路，满足施工运输的需要，保证施工期间的畅通；

（4）向承包人提供施工场地的工程地质和地下管线资料，对资料的真实准确性负责；

（5）办理施工许可证及其他施工所需证件、批件和临时用地、停水、停电、中断道路交通、爆破作业等的申请批准手续（证明承包人自身资质的证件除外）；

（6）确定水准点与坐标控制点，以书面形式交给承包人，进行现场交验；

（7）组织承包人和设计单位进行图纸会审和设计交底；

（8）协调处理施工场地周围地下管线和邻近建（构）筑物（包括文物保护建筑）、古树名木的保护工作、承担有关费用；

（9）发包人应做的其他工作，双方在专用条款内约定。

发包人可以将上述部分工作委托承包人办理，具体内容双方在专用条款约定，其费用由发包人承担。

发包人不按合同约定完成以上义务，导致工期延误或给承包人造成损失，发包人应赔偿承包人有关损失，延误工期相应顺延。

2. 承包人的工作

承包人按专用条款约定的内容和时间完成以下工作：

（1）根据发包人委托，在设计资质等级和业务允许的范围内，完成施工图设计或与工程配套的设计，经工程师确认后使用，发包人承担由此发生的费用；

（2）向工程师提供年、季、月度工程进度计划及相应进度统计报表；

（3）根据工程需要，提供和维修非夜间施工使用的照明、围栏设施，并负责安全保卫；

（4）按专用条款约定的数量和要求，向发包人提供施工场地办公和生活的房屋及设施，发包人承担由此发生的费用；

（5）遵守政府有关主管部门对施工场地交通、施工噪声以及环境保护和安全生产等的管理规定，按规定办理有关手续，并以书面形式通知发包人，发包人承担由此发生的费用，因承包人责任造成的罚款除外；

（6）已竣工工程未交付发包人之前，承包人按专用条款约定负责已完工程的保护工作，保护期间发生损坏，承包人自费予以修复；发包人要求承包人采取特殊措施保护的工程部位和相应的追加合同价款，双方在专用条款内约定；

（7）按专用条款约定做好施工场地地下管线和邻近建（构）筑物（包括文物保护建筑）、古树名木的保护工作；

（8）保证施工场地符合环境卫生管理的有关规定，交工前清理现场，达到专用条款约定的要求，承担因自身原因违反有关规定造成的损失和罚款；

（9）承包人应做的其他工作，双方在专用条款内约定。

承包人不履行以上义务，造成发包人损失，应对发包人的损失给予赔偿。

【例6-2】（多选题）建设工程施工合同中，承包人的主要义务有（　　）。

A. 自行完成建设工程主体结构施工

B. 交付竣工验收合格的建设工程

C. 修理质量不合格的建设工程

D. 及时验收隐藏工程

E. 提供必要的施工条件

『正确答案』ABC

『答案解析』本题考查施工合同中双方的义务。选项D、选项E属于发包人的义务。

【例 6-3】

【背景】

某建设单位采用工程量清单报价形式对某建设工程项目进行邀请招标，在招标文件中，发包人提供了工程量清单、工程量暂定数量、工程量计算规则、分部分项工程单价组成原则、合同文件内容、投标人填写综合单价，工程造价暂定 800 万元，合同工期 10 个月。某施工单位中标并承接了该项目，双方参照现行的《建设工程施工合同（示范文本）》（GF—2017—0201）签订了固定价格合同。

在施工过程中，遇到了特大暴雨引发的山洪暴发，造成现场临时道路、管网和其他临时设施遭到损坏。该施工单位认为合同文件的优先解释顺序是：①本合同协议书；②本合同专用条款；③本合同通用条款；④中标通知书；⑤投标书及附件；⑥标准、规范及有关技术文件；⑦工程量清单；⑧图纸；⑨工程报价单或预算书；⑩合同履行中，发包人、承包人有关工程的洽商、变更等书面协议或文件视为本合同的组成部分。施工单位按照监理工程师批准的施工组织设计施工。

开挖土方过程中，遇到了特大暴雨引发的山洪暴发，造成现场临时道路、管网和施工用房等设施以及已施工的部分基础冲坏，施工设备损坏，运进现场的部分材料被冲走，施工单位数名施工人员受伤，雨后施工单位用了很多工时清理现场和恢复施工条件。为此施工单位按照索赔程序提出了延长工期和费用补偿要求。

基础工程施工中，施工单位在自购钢筋进场之前按要求向专业监理工程师提交了质量保证资料，在监理员见证下取样送检，经法定检测单位检测证明钢筋性能检测结果合格，工程师经审查同意该批钢筋进场使用。但在基础工程柱钢筋验收时，工程师发现施工单位未做钢筋焊接性能试验，工程师责令施工单位在监理人员见证下取样送检，试验发现钢筋焊接性能不合格。经过钢筋重新检验，最终确认是由于该批钢筋性能不合格而造成的钢筋焊接性能不合格。工程师随即发出不合格项目通知，要求施工单位拆除不合格钢筋工程，同时报告业主代表。

【问题】

（1）施工单位认为合同文件的优先解释顺序是否妥当？请给出合理的合同文件的优先解释顺序。

（2）施工单位就特大暴雨事件提出的索赔能否成立？为什么？

（3）《建设工程施工合同（示范文本）》（GF—2017—0201）对施工单位采购材料的进场程序和相关责任是如何规定的？

【答案解析】

（1）不妥当。合理的合同文件的优先解释顺序是：①本合同协议书；②中标通知书；③投标书及其附件；④本合同专用条款；⑤本合同通用条款；⑥标准、规范及有关技术文件；⑦图纸；⑧工程量清单；⑨工程报价单或预算书；⑩合同履行中，发包人、承包人有关工程的洽商、变更等书面协议或文件视为本合同的组成部分。

（2）能成立。因特大暴雨事件引发的山洪暴发，应按不可抗力处理由此引起的索赔问题。被冲坏的现场临时道路、管网和施工用房等设施以及已施工的部分基础，被冲走的部分材料，清理现场和恢复施工条件等经济损失应由建设单位承担；损坏的施工设备，受伤的施工人员以及由此造成人员窝工和设备闲置等经济损失应由施工单位承担，工期顺延。

（3）施工单位采购材料的进场程序和相关责任如下：

1）承包人负责采购材料设备的，应按照专用条款约定及设计和有关标准要求采购，并提供产品合格证明，对材料设备质量负责。承包人在材料设备到货前 24 h 通知工程师清点。

2）承包人采购的材料设备与设计或标准要求不符时，承包人应按工程师要求的时间运出施工场地，重新采购符合要求的产品，承担由此发生的费用，由此延误的工期不予顺延。

3）承包人采购的材料设备在使用前，承包人应按工程师的要求进行检验或试验，不合格的不得使用，检验或试验费用由承包人承担。

4）工程师发现承包人采购并使用不符合设计或标准要求的材料设备时，应要求由承包人负责修复、拆除或重新采购，并承担发生的费用，由此延误的工期不予顺延。

6.3 施工合同管理中的进度管理

项目进度管理，是指采用科学的方法确定进度目标，编制进度计划和资源供应计划，进行进度控制，在与质量、费用目标协调的基础上，实现工期目标。项目进度管理的主要目标是要在规定的时间内，制定出合理、经济的进度计划，然后在该计划的执行过程中，检查实际进度是否与计划进度相一致，保证项目按时完成。

41. 施工合同管理中的进度管理

根据工程项目的进度目标，编制经济合理的进度计划，并据以检查工程项目进度计划的执行情况，若发现实际执行情况与计划进度不一致，及时分析原因，并采取必要的措施对原工程进度计划进行调整或修正的过程。工程项目进度管理的目的就是为了实现最优工期，多快好省地完成任务。

施工项目进度控制，是指在既定的工期内，编制出最优的施工进度计划，在执行该计划的施工中，经常检查施工实际进度情况，并将其与计划进度相比较，若出现偏差，分析产生的原因和对工期的影响程度，找出必要的调整措施，修改原计划，不断如此循环，直至工程竣工验收。施工项目进度控制的总目标是确保施工项目的既定目标工期的实现，或者在保证施工质量和不因此而增加施工实际成本的条件下，适当缩短施工工期。

施工合同中的进度控制条款是为了促进合同当事人在合同规定的工期内完成施工任务，发包人按时做好准备工作，承包人按照施工进度计划组织施工。为工程师落实进度控制人员、具体的控制任务和管理职能分工以及为承包人落实具体的进度控制人员、编制合理的施工进度计划并为其执行提供依据。

进度控制条款可以分为施工准备、施工和竣工验收三个阶段。

6.3.1 施工准备阶段的进度控制

施工准备阶段的许多工作都对施工的开始和进度有直接的影响，包括合同当事人对合同工期的约定，承包人提交施工进度计划，施工前其他准备工作（包括设计图纸的提供，材料设备的采购）、延期开工的处理等。

1. 合同工期的约定

工期，是指在合同协议书约定的承包人完成工程所需的期限，包括按照合同约定所作的期限变更。合同工期，是指施工的工程从开工到完成专用条款约定的全部内容，工程达到竣工验收标准为止所经历的时间。

承发包双方必须在合同协议书中明确约定工期，包括开工日期和竣工日期。

开工日期包括计划开工日期和实际开工日期。计划开工日期，是指合同协议书约定的开工日期；实际开工日期，是指监理人根据开工通知约定发出的符合法律规定的开工通知中载明的开工日期。

竣工日期包括计划竣工日期和实际竣工日期。计划竣工日期，是指合同协议书约定的竣工日期；实际竣工日期分为三种情况：工程经竣工验收合格的，以承包人提交竣工验收申请报告之日为实际竣工日期，并在工程接收证书中载明；因发包人原因，未在监理人收到承包人提交的竣工验收申请报告42天内完成竣工验收，或完成竣工验收不予签发工程接收证书的，以提交竣工验收报告的日期为实际竣工日期；工程未经竣工验收，发包人擅自使用的，以转移占有工程之日为实际竣工日期。

【例6-4】（单选题）承包人已经提交竣工验收报告，发包人拖延验收的，竣工日期（　　）。

A. 以合同约定的竣工日期为准

B. 相应顺延

C. 以承包人提交竣工验收报告之日为准

D. 以实际通过的竣工验收之日为准

『正确答案』C

『答案解析』本题考查建设工程竣工日期的确定。承包人已经提交竣工验收报告，发包人拖延验收的，以承包人提交竣工验收报告之日为竣工日期。

---

2. 施工进度计划

承包人应按专用条款约定的日期，将施工组织设计和工程进度计划提交工程师，工程师按专用条款约定的时间予以确认或提出修改意见，逾期不确定也不提出书面意见的，则视为已经同意。群体工程中单位工程分期进行施工的，承包人应按照发包人提供的图纸及有关资料的时间，按单位工程编制进度计划，其具体内容在专用条款中约定，分别向工程师提交。

工程师对进度计划予以确认或者提出修改意见，并不免除承包人对施工组织设计和工程进度计划本身的缺陷所应承担的责任。工程师对进度计划予以确认的主要目的是为工程师对进度进行控制提供依据。

3. 施工前的其他准备工作

在开工前，合同双方应该做好其他各项准备工作。如发包人应当按照专用条款的约定，使施工场地具备施工条件，开通施工现场与公共道路之间的通道，承包人应当做好施工人员和设备的调配工作，按合同规定完成材料、设备的采购准备等。

对工程师而言，特别需要做好水准点与坐标控制点的核验。为了能够按时向承包人提供设计图纸，工程师需要做好协调工作，组织图纸会审和设计交底等。

发包人应在不晚于开工通知载明的开工日期前7天通过监理人向承包人提供测量基准点、基准线和水准点及其书面资料。发包人应对其提供的测量基准点、基准线和水准点及其书面资料的真实性、准确性和完整性负责。

承包人发现发包人提供的测量基准点、基准线和水准点及其书面资料存在错误或疏漏的，应及时通知监理人。监理人应及时报告发包人，并会同发包人和承包人予以核实。发包人应就如何处理和是否继续施工作出决定，并通知监理人和承包人。

4. 延期开工的处理

（1）因发包人原因导致延期开工

在合同履行过程中，因下列情况导致工期延误和（或）费用增加的，由发包人承担由此延误的工期和（或）增加的费用，且发包人应支付承包人合理的利润：

1）发包人未能按合同约定提供图纸或所提供图纸不符合合同约定的；

2）发包人未能按合同约定提供施工现场、施工条件、基础资料、许可、批准等开工条件的；

3）发包人提供的测量基准点、基准线和水准点及其书面资料存在错误或疏漏的；

4）发包人未能在计划开工日期之日起7天内同意下达开工通知的。

因发包人原因未按计划开工日期开工的，发包人应按实际开工日期顺延竣工日期，确保实际工期不低于合同约定的工期总日历天数。

（2）因承包人原因导致延期开工

因承包人原因造成工期延误的，可以在专用条款中约定逾期竣工违约金的计算方法和逾期竣工违约金的上限。承包人支付逾期竣工违约金后，不免除承包人继续完成工程及修补缺陷的义务。

6.3.2 施工阶段的进度控制

工程开工后，合同履行就进入施工阶段，直到工程竣工。这一阶段进度控制条款的作用是控制施工任务在施工合同协议书规定的工期内完成。

1. 工程师对进度计划的检查与监督

工程开工后，承包人必须按照工程师批准的进度计划组织施工，接受工程师对进度的检查监督。检查督促的依据一般是双方已经确定的月进度计划，一般情况下，工程师每月检查一次承包人的进度计划执行情况，由承包人提交一份上月进度计划实际执行情况和本月的施工计划。同时，工程师还应进行必要的现场实地检查。

当工程实际进度与已经确认的进度计划不符时，承包人应按照工程师的要求提出改进措施，经工程师确认后执行。但是对于因承包人自身原因导致实际进度与计划进度不符时，所有的后果都应由承包人自行承担。承包人无权就因改进措施而提出追加合同价款，工程师也不对改进措施的效果负责。如果采用改进措施后经过一段时间工程实际进度改善，进度计划则仍可以按原进度计划执行。如果采用改进措施一段时间后，工程实际进度仍明显与进度计划不符，工程师可以要求承包人修改原进度计划，并经工程师确认后执行。但是这种确认并不是工程师对工程延期的批准，而仅仅是要求承包人在合理状况下的施工。因此，如果按修改后的进度计划施工，不能按期竣工的，承包人仍应承担相应的违约责任。

工程师应当随时了解施工进度计划执行过程中所存在的问题，并帮助承包人。特别是承包人无力解决的内外关系协调问题。

2. 暂停施工

（1）暂停施工的原因

在实际施工过程中，暂停施工的原因很多。

1）发包人原因引起的暂停施工

因发包人原因引起暂停施工的，监理人经发包人同意后，应及时下达暂停施工指示。

因发包人原因引起暂停施工的，发包人应承担由此增加的费用和（或）延误的工期，并支付承包人合理的利润。

2）承包人原因引起的暂停施工

因承包人原因引起的暂停施工，承包人应承担由此增加的费用和（或）延误的工期，且承包人在收到监理人复工指示后 84 天内仍未复工的，视为承包人无法继续履行合同的情形。

3）指示暂停施工

监理人认为有必要时，并经发包人批准后，可向承包人作出暂停施工的指示，承包人应按监理人指示暂停施工。

4）紧急情况下的暂停施工

因紧急情况需暂停施工，且监理人未及时下达暂停施工指示的，承包人可先暂停施工，并及时通知监理人。监理人应在接到通知后 24h 内发出指示，逾期未发出指示，视为同意承包人暂停施工。监理人不同意承包人暂停施工的，应说明理由，承包人对监理人的答复有异议，按照争议解决约定处理。

（2）暂停施工后的复工

暂停施工后，发包人和承包人应采取有效措施积极消除暂停施工的影响。在工程复工前，监理人会同发包人和承包人确定因暂停施工造成的损失，并确定工程复工条件。当工程具备复工条件时，监理人应经发包人批准后向承包人发出复工通知，承包人应按照复工通知要求复工。

承包人无故拖延和拒绝复工的，承包人承担由此增加的费用和（或）延误的工期；因发包人原因无法按时复工的，按照因发包人原因导致工期延误约定处理。

监理人发出暂停施工指示后 56 天内未向承包人发出复工通知，除该项停工属于承包人原因引起的暂停施工及不可抗力约定的情形外，承包人可向发包人提交书面通知，要求发包人在收到书面通知后 28 天内准许已暂停施工的部分或全部工程继续施工。发包人逾期不予批准的，则承包人可以通知发包人，将工程受影响的部分视为变更的范围内可取消工作。

暂停施工持续 84 天以上不复工的，且不属于承包人原因引起的暂停施工及不可抗力约定的情形，并影响到整个工程以及合同目的实现的，承包人有权提出价格调整要求，或者解除合同。解除合同的，按照因发包人违约解除合同执行。

暂停施工期间，承包人应负责妥善照管工程并提供安全保障，由此增加的费用由责任方承担。

暂停施工期间，发包人和承包人均应采取必要的措施确保工程质量及安全，防止因暂停施工扩大损失。

3. 工程设计变更

工程师在其可能的范围内，应尽量减少设计变更，以免影响工期。如果必须对设计进行变更，应当严格按照国家的规定和合同约定的程序进行。

（1）变更的范围

工程设计变更范围如下：

1）增加或减少合同中任何工作，或追加额外的工作；

2）取消合同中任何工作，但转由他人实施的工作除外；

3）改变合同中任何工作的质量标准或其他特性；

4）改变工程的基线、标高、位置和尺寸；

5）改变工程的时间安排或实施顺序。

（2）变更权

发包人和监理人均可以提出变更。变更指示均通过监理人发出，监理人发出变更指示前应征得发包人同意。承包人收到经发包人签认的变更指示后，方可实施变更。未经许可，承包人不得擅自对工程的任何部分进行变更。

涉及设计变更的，应由设计人提供变更后的图纸和说明。如变更超过原设计标准或批准的建设规模时，发包人应及时办理规划、设计变更等审批手续。

（3）变更程序

1）发包人提出变更

发包人提出变更的，应通过监理人向承包人发出变更指示，变更指示应说明计划变更的工程范围和变更的内容。

2）监理人提出变更建议

监理人提出变更建议的，需要向发包人以书面形式提出变更计划，说明计划变更工程范围和变更的内容、理由以及实施该变更对合同价格和工期的影响。发包人同意变更的，由监理人向承包人发出变更指示。发包人不同意变更的，监理人无权擅自发出变更指示。

3）变更执行

承包人收到监理人下达的变更指示后，认为不能执行，应立即提出不能执行该变更指示的理由。承包人认为可以执行变更的，应当书面说明实施该变更指示对合同价格和工期的影响，且合同当事人应当变更估价约定，确定变更估价。

（4）变更估价原则

除专用合同条款另有约定外，变更估价按照本款约定处理：

1）已标价工程量清单或预算书有相同项目的，按照相同项目单价认定；

2）已标价工程量清单或预算书中无相同项目，但有类似项目的，参照类似项目的单价认定；

3）变更导致实际完成的变更工程量与已标价工程量清单或预算书中列明的该项目工程量的变化幅度超过15%的，或已标价工程量清单或预算书中无相同项目及类似项目单价的，按照合理的成本与利润构成的原则，由合同当事人协商确定变更工作的单价。

（5）变更估价程序

承包人应在收到变更指示后 14 天内，向监理人提交变更估价申请。监理人应在收到承包人提交的变更估价申请后 7 天内审查完毕并报送发包人，监理人对变更估价申请有异议的，应通知承包人修改后重新提交。发包人应在承包人提交变更估价申请后 14 天内审批完毕。发包人逾期未完成审批或未提出异议的，视为认可承包人提交的变更估价申请。

因变更引起的价格调整应计入最近一期的进度款中支付。

6.3.3   竣工验收阶段的进度控制

在竣工验收阶段，工程师进度控制的任务是督促承包人完成工程扫尾工作，协调竣工验收中的各方关系，参加竣工验收。

1. 竣工验收程序

（1）竣工验收条件

工程具备以下条件的，承包人可以申请竣工验收：

1）除发包人同意的甩项工作和缺陷修补工作外，合同范围内的全部工程以及有关工作，包括合同要求的试验、试运行以及检验均已完成，并符合合同要求；

2）已按合同约定编制了甩项工作和缺陷修补工作清单以及相应的施工计划；

3）已按合同约定的内容和份数备齐竣工资料。

（2）竣工验收程序

除专用合同条款另有约定外，承包人申请竣工验收的，应当按照以下程序进行：

1）承包人向监理人报送竣工验收申请报告，监理人应在收到竣工验收申请报告后 14 天内完成审查并报送发包人。监理人审查后认为尚不具备验收条件的，应通知承包人在竣工验收前承包人还需完成的工作内容，承包人应在完成监理人通知的全部工作内容后，再次提交竣工验收申请报告。

2）监理人审查后认为已具备竣工验收条件的，应将竣工验收申请报告提交发包人，发包人应在收到经监理人审核的竣工验收申请报告后 28 天内审批完毕并组织监理人、承包人、设计人等相关单位人员完成竣工验收。

3）竣工验收合格的，发包人应在验收合格后 14 天内向承包人签发工程接收证书。发包人无正当理由逾期不颁发工程接收证书的，自验收合格后第 15 天起视为已颁发工程接收证书。

4）竣工验收不合格的，监理人应按照验收意见发出指示，要求承包人对不合格工程返工、修复或采取其他补救措施，由此增加的费用和（或）延误的工期由承包人承担。承包人在完成不合格工程的返工、修复或采取其他补救措施后，应重新提交竣工验收申请报告，并按本项约定的程序重新进行验收。

5）工程未经验收或验收不合格，发包人擅自使用的，应在转移占有工程后 7 天内向承包人颁发工程接收证书；发包人无正当理由逾期不颁发工程接收证书的，自转移占有后第 15 天起视为已颁发工程接收证书。

除专用合同条款另有约定外，发包人不按照本项约定组织竣工验收、颁发工程接收证书的，每逾期一天，应以签约合同价为基数，按照中国人民银行发布的同期同类贷款基准利率支付违约金。

2. 提前竣工

发包人要求承包人提前竣工的，发包人应通过监理人向承包人下达提前竣工指示，承包人应向发包人和监理人提交提前竣工建议书，提前竣工建议书应包括实施的方案、缩短的时间、增加的合同价格等内容。发包人接受该提前竣工建议书的，监理人应与发包人和承包人协商采取加快工程进度的措施，并修订施工进度计划，由此增加的费用由发包人承担。承包人认为提前竣工指示无法执行的，应向监理人和发包人提出书面异议，发包人和监理人应在收到异议后 7 天内予以答复。任何情况下，发包人不得压缩合理工期。

发包人要求承包人提前竣工，或承包人提出提前竣工的建议能够给发包人带来效益的，合同当事人可以在专用条款中约定提前竣工的奖励。

6.4 施工合同管理中的质量控制

工程施工中的质量控制是合同履行中的重要环节，涉及许多方面的工作，工作中出现任何缺陷和疏漏都会使工程质量无法达到预期的标准。承包人应按照合同约定的标准，规范图纸、质量等级以及工程师发布的指令，认真施工，并达到合同约定的质量等级。

42. 施工合同管理
中的质量控制

工程质量标准必须符合现行国家有关工程施工质量验收规范和标准的要求。有关工程质量的特殊标准或要求由合同当事人在专用条款中约定。

6.4.1 五方责任主体质量控制责任和义务

五方责任主体质量控制责任和义务，是指参与新建、扩建、改建的建筑工程项目责任主体（建设单位、勘察单位、设计单位、施工单位和监理单位）按照国家法律法规和有关规定，在工程设计使用年限内对工程质量所承担相应责任和义务。

1. 建设单位的质量责任和义务

建设单位项目负责人对工程质量承担全面责任，不得违法发包、肢解发包，不得以任何理由要求勘察、设计、施工、监理单位违反法律法规和工程建设标准，降低工程质量，对其违法违规或不当行为造成工程质量事故或质量问题应当承担责任。

其责任和义务具体为：

（1）建设单位应当将工程发包给具有相应资质等级的单位，并不得将建设工程肢解发包。

（2）建设单位应当依法对工程建设项目的勘察、设计、施工、监理以及与工程建设有关的重要设备、材料等的采购进行招标。

（3）建设单位必须向有关的勘察、设计、施工、监理等单位提供与建设工程有关的原始资料。原始资料必须真实、准确、齐全。

（4）建设工程发包单位不得迫使承包方以低于成本的价格竞标，不得任意压缩合理工期；不得明示或者暗示设计单位或者施工单位违反工程建设强制性标准，降低建设工程质量。

（5）建设单位应当将施工图设计文件报县级以上人民政府建设行政主管部门或者其他有关部门审查。施工图设计文件未经审查批准的，不得使用。

（6）实行监理的建设工程，建设单位应当委托具有相应资质等级的工程监理单位进行监理。

（7）建设单位在领取施工许可证或者开工报告前，应当按照国家有关规定办理工程质量监督手续。

（8）按照合同约定，由建设单位采购建筑材料、建筑构配件和设备的，建设单位应当保证建筑材料、建筑构配件和设备符合设计文件和合同要求。建设单位不得明示或者暗示施工单位使用不合格的建筑材料、建筑构配件和设备。

（9）涉及建筑主体和承重结构变动的装修工程，建设单位应当在施工前委托原设计单位或者具有相应资质等级的设计单位提出设计方案；没有设计方案的，不得施工。房屋建筑使用者在装修过程中，不得擅自变动房屋建筑主体和承重结构。

（10）建设单位收到建设工程竣工报告后，应当组织设计、施工、工程监理等有关单位进行竣工验收。建设工程经验收合格的，方可交付使用。

（11）建设单位应当严格按照国家有关档案管理的规定，及时收集、整理建设项目各环节的文件资料，建立、健全建设项目档案，并在建设工程竣工验收后，及时向建设行政主管部门或者其他有关部门移交建设项目档案。

2. 勘察、设计单位的质量责任和义务

勘察、设计单位项目负责人应当保证勘察设计文件符合法律法规和工程建设强制性标准的要求，对因勘察、设计导致的工程质量事故或质量问题承担责任。

其责任和义务具体为：

（1）从事建设工程勘察、设计的单位应当依法取得相应等级的资质证书，在其资质等级许可的范围内承揽工程，并不得转包或者违法分包所承揽的工程。

（2）勘察、设计单位必须按照工程建设强制性标准进行勘察、设计，并对其勘察、设计的质量负责。注册建筑师、注册结构工程师等注册执业人员应当在设计文件上签字，对设计文件负责。

（3）勘察单位提供的地质、测量、水文等勘察成果必须真实、准确。

（4）设计单位应当根据勘察成果文件进行建设工程设计。设计文件应当符合国家规定的设计深度要求，注明工程合理使用年限。

（5）设计单位在设计文件中选用的建筑材料、建筑构配件和设备，应当注明规格、型号、性能等技术指标，其质量要求必须符合国家规定的标准。除有特殊要求的建筑材料、专用设备、工艺生产线等外，设计单位不得指定生产厂、供应商。

（6）设计单位应当就审查合格的施工图设计文件向施工单位作出详细说明。

（7）设计单位应当参与建设工程质量事故分析，并对因设计造成的质量事故，提出相应的技术处理方案。

3. 施工单位的质量责任和义务

施工单位项目经理应当按照经审查合格的施工图设计文件和施工技术标准进行施工，对因施工导致的工程质量事故或质量问题承担责任。

其责任和义务具体为：

（1）施工单位应当依法取得相应等级的资质证书，在其资质等级许可的范围内承揽工程，并不得转包或者违法分包工程。

（2）施工单位对建设工程的施工质量负责。施工单位应当建立质量责任制，确定工程项目的项目经理、技术负责人和施工管理负责人。建设工程实行总承包的，总承包单位应当对全部建设工程质量负责；建设工程勘察、设计、施工、设备采购的一项或者多项实行总承包的，总承包单位应当对其承包的建设工程或者采购的设备的质量负责。

（3）总承包单位依法将建设工程分包给其他单位的，分包单位应当按照分包合同的约定对其分包工程的质量向总承包单位负责，总承包单位与分包单位对分包工程的质量承担连带责任。

（4）施工单位必须按照工程设计图纸和施工技术标准施工，不得擅自修改工程设计，不得偷工减料。施工单位在施工过程中发现设计文件和图纸有差错的，应当及时提出意见和建议。

（5）施工单位必须按照工程设计要求、施工技术标准和合同约定，对建筑材料、建筑构配件、设备和商品混凝土进行检验，检验应当有书面记录和专人签字；未经检验或者检验不合格的，不得使用。

（6）施工单位必须建立、健全施工质量的检验制度，严格工序管理，做好隐蔽工程的质量检查和记录。隐蔽工程在隐蔽前，施工单位应当通知建设单位和建设工程质量监督机构。

（7）施工人员对涉及结构安全的试块、试件以及有关材料，应当在建设单位或者工程监理单位监督下现场取样，并送具有相应资质等级的质量检测单位进行检测。

（8）施工单位对施工中出现质量问题的建设工程或者竣工验收不合格的建设工程，应当负责返修。

（9）施工单位应当建立、健全教育培训制度，加强对职工的教育培训；未经教育培训或者考核不合格的人员，不得上岗作业。

4. 监理单位的质量责任和义务

其责任和义务具体为：

（1）工程监理单位应当依法取得相应等级的资质证书，在其资质等级许可的范围内承担工程监理业务，并不得转让工程监理业务。

（2）工程监理单位与被监理工程的施工承包单位以及建筑材料、建筑构配件和设备供应单位有隶属关系或者其他利害关系的，不得承担该项建设工程的监理业务。

（3）工程监理单位应当依照法律、法规以及有关技术标准、设计文件和建设工程承包合同，代表建设单位对施工质量实施监理，并对施工质量承担监理责任。

（4）工程监理单位应当选派具备相应资格的总监理工程师和监理工程师进驻施工现场。未经监理工程师签字，建筑材料、建筑构配件和设备不得在工程上使用或者安装，施工单位不得进行下一道工序的施工。未经总监理工程师签字，建设单位不应拨付工程款，不应进行竣工验收。

（5）监理工程师应当按照工程监理规范的要求，采取旁站、巡视和平行检验等形式，对建设工程实施监理。

【例6-5】（多选题）根据《建筑工程五方责任主体项目负责人质量终身责任追究暂行办法》（建质〔2014〕124号），下列人员中，属于五方责任主体项目负责人的有（　　）。

A. 建设单位项目负责人

B. 监理单位负责人

C. 勘察单位项目负责人

D. 施工单位项目经理

E. 造价单位项目负责人

『正确答案』ACD

『答案解析』本题考查的是施工单位的质量责任和义务。注意不是单位负责人，是项目负责人。五方责任主体项目负责人包括：建设项目负责人、勘察项目负责人、设计项目负责人、施工项目负责人（项目经理）、监理项目负责人（项目总监理工程师）。

6.4.2　质量控制的工作程序

PDCA循环是质量管理的基本工作程序。PDCA循环最初由美国统计质量管理的先驱沃特·阿曼德·休哈特提出，由戴明采纳、宣传、获得普及，故PDCA循环也被称为戴明环。PDCA循环包括四个阶段，即Plan（策划）、Do（实施）、Check（检查）和Act（处置），如图6-1所示。

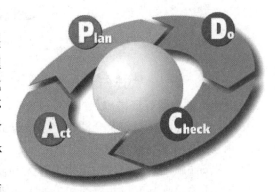

图6-1　PDCA循环示意

PDCA循环基于逻辑思维的顺序，简明而易于理解，具有广泛的适用性。PDCA循环的具体内容如下：

（1）策划阶段：根据顾客的要求和组织的方针，建立体系的目标及其过程，确定实现结果所需的资源，并识别和应对风险和机遇；

（2）实施阶段：执行所做的策划；

（3）检查阶段：总结执行策划的结果，明确效果，找出问题，并报告结果；

（4）处置阶段：对总结检查的结果进行处理，对成功的经验加以肯定，要把成功的经验变成标准，以后按标准实施；失败的教训加以总结、防止再发生；没有解决的遗留问题则转入下一轮PDCA循环。

PDCA循环作为质量管理的科学方法，适用于组织各个环节、各个方面的质量工作。PDCA循环四个阶段一个也不能少；同时大环套小环，环环相扣（如图6-2所示大环套小环），一般来说，在PDCA循环中，上一级循环是下级循环的依据，下一级循环是上一级循环的落实和具体化，通过各个循环把组织的各项工作有机地联系起来。例如，在实施阶段为了落实总体的安排部署，制订更高层次的、更具体的小PDCA循环来开展策划、实施、检查和处置工作。PDCA是螺旋式不断上升的循环，每循环一次，产品质量、过程质量或体系质量就提高一步。

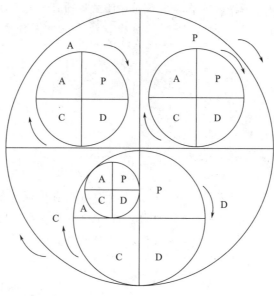

图 6-2　大环套小环示意

6.4.3　质量保证措施

1. 发包人的质量保证措施

发包人应按照法律规定及合同约定完成与工程质量有关的各项工作。

2. 承包人的质量保证措施

承包人按照施工组织设计约定向发包人和监理人提交工程质量保证体系及措施文件，建立完善的质量检查制度，并提交相应的工程质量文件。对于发包人和监理人违反法律规定和合同约定的错误指示，承包人有权拒绝实施。

承包人应对施工人员进行质量教育和技术培训，定期考核施工人员的劳动技能，严格执行施工规范和操作规程。

承包人应按照法律规定和发包人的要求，对材料、工程设备以及工程的所有部位及其施工工艺进行全过程的质量检查和检验，并作详细记录，编制工程质量报表，报送监理人审查。此外，承包人还应按照法律规定和发包人的要求，进行施工现场取样试验、工程复核测量和设备性能检测，提供试验样品、提交试验报告和测量成果以及其他工作。

3. 监理人的质量检查和检验

监理人按照法律规定和发包人授权对工程的所有部位及其施工工艺、材料和工程设备进行检查和检验。承包人应为监理人的检查和检验提供方便，包括监理人到施工现场，或制造、加工地点，或合同约定的其他地方进行察看和查阅施工原始记录。监理人为此进行的检查和检验，不免除或减轻承包人按照合同约定应当承担的责任。

监理人的检查和检验不应影响施工正常进行。监理人的检查和检验影响施工正常进行的，且经检查检验不合格的，影响正常施工的费用由承包人承担，工期不予顺延；经检查检验合格的，由此增加的费用和（或）延误的工期由发包人承担。

6.4.4　隐蔽工程检查

1. 承包人自检

承包人应当对工程隐蔽部位进行自检，并经自检确认是否具备覆盖条件。

2. 检查程序

除专用合同条款另有约定外，工程隐蔽部位经承包人自检确认具备覆盖条件的，承包人应在共同检查前48h书面通知监理人检查，通知中应载明隐蔽检查的内容、时间和地点，并应附有自检记录和必要的检查资料。

监理人应按时到场并对隐蔽工程及其施工工艺、材料和工程设备进行检查。经监理人检查确认质量符合隐蔽要求，并在验收记录上签字后，承包人才能进行覆盖。经监理人检查质量不合格的，承包人应在监理人指示的时间内完成修复，并由监理人重新检查，由此增加的费用和（或）延误的工期由承包人承担。

除专用合同条款另有约定外，监理人不能按时进行检查的，应在检查前24h向承包人提交书面延期要求，但延期不能超过48h，由此导致工期延误的，工期应予以顺延。监理人未按时进行检查，也未提出延期要求的，视为隐蔽工程检查合格，承包人可自行完成覆盖工作，并做相应记录报送监理人，监理人应签字确认。监理人事后对检查记录有疑问的，可按重新检查的约定重新检查。

3. 重新检查

承包人覆盖工程隐蔽部位后，发包人或监理人对质量有疑问的，可要求承包人对已覆盖的部位进行钻孔探测或揭开重新检查，承包人应遵照执行，并在检查后重新覆盖恢复原状。经检查证明工程质量符合合同要求的，由发包人承担由此增加的费用和（或）延误的工期，并支付承包人合理的利润；经检查证明工程质量不符合合同要求的，由此增加的费用和（或）延误的工期由承包人承担。

4. 承包人私自覆盖

承包人未通知监理人到场检查，私自将工程隐蔽部位覆盖的，监理人有权指示承包人钻孔探测或揭开检查，无论工程隐蔽部位质量是否合格，由此增加的费用和（或）延误的工期均由承包人承担。

6.4.5　不合格工程的处理

（1）因承包人原因造成工程不合格的，发包人有权随时要求承包人采取补救措施，直至达到合同要求的质量标准，由此增加的费用和（或）延误的工期由承包人承担。无法补救的，可以拒绝接收全部或部分工程。

（2）因发包人原因造成工程不合格的，由此增加的费用和（或）延误的工期由发包人承担，并支付承包人合理的利润。

6.4.6　质量争议检测

合同当事人对工程质量有争议的，由双方协商确定的工程质量检测机构鉴定，由此产生的费用及因此造成的损失，由责任方承担。

合同当事人均有责任的，由双方根据其责任分别承担。合同当事人无法达成一致的，双方协商决定。

6.5 施工合同管理中的投资控制

建设工程项目投资控制管理，是在项目投资决策阶段、设计阶段、发包阶段、施工阶段以及竣工阶段，在不影响工程进度、工程质量、安全施工的条件下，把建设工程投资的实际费用控制在批准的投资限额目标值以内，随时纠正发生的偏差，以保证项目投资管理目标的实现。投资控制贯穿于工程建设全过程中的各个阶段，建设单位应根据工程项目

43. 施工合同管理中的投资控制

的具体规模，依托自身管理条件，合理确定投资管理制度及方式，督促工程项目参建各方履行自己的权利和义务，最大限度发挥监理作用，强化工程项目投资目标管理，确保工程项目最终投资控制在计划投资额内。

施工合同管理中的投资控制主要是确定施工阶段的投资控制目标值，包括项目的总目标值、分目标值。在项目施工过程中采取有效措施，控制投资的支出，将实际支出值与投资控制的目标值进行比较，并作出分析与预测，加强对各种干扰因素的控制，及时采取措施，确保项目投资控制目标的实现。同时，根据实际情况，允许对投资控制目标进行必要调整，调整的目的是使投资控制目标永远处于最佳状态和切合实际。但调整既定目标应严肃对待并按规定程序。

6.5.1 施工合同价款与支付

1. 施工合同价款及调整

施工合同价款是按有关规定和协议条款约定的各种取费标准计算，用以支付承包人按照合同要求完成工程内容的价款总额。招标工程的合同价款由双方依据中标通知书中的中标价格在协议书内约定，非招标工程的合同价款由双方依据工程预算书在协议书内约定。合同价款在协议书内约定后，任何一方不得擅自改变。合同价款可以按固定价格合同、可调整价格合同、成本加酬金合同三种方式约定。可调整价格合同中价款调整的范围包括：

（1）法律、行政法规和国家有关政策变化影响合同价款；

（2）工程造价管理部门公布的价格调整；

（3）一周内非承包人原因停水、停电、停气造成停工累计超过 8h；

（4）双方约定的其他因素。

承包人应当在价款调整情况发生后 14 天内，将调整原因、金额以书面形式通知工程师，工程师确认调整金额后作为追加合同价款，与工程款同期支付。工程师收到承包人通知后 14 天内不予确认也不提出修改意见，视为已经同意该项调整。

2. 工程预付款

工程预付款主要用于采购建筑材料。建筑工程的预付额度一般不得超过当年建筑（包括水、电、暖、卫等）工程工作量的30%，大量采用预制构件以及工期在 6 个月以内的工程，可以适当增加；安装工程一般不得超过当年安装工程量的10%，安装材料用量较大的工程，可以适当增加。

实行工程预付款的，双方应当在专用条款内约定发包人向承包人预付工程款的时间和数额，开工后按约定的时间和比例逐次扣回。预付时间应不迟于约定的开工日期前 7 天。

发包人不按约定预付，承包人在约定预付时间 7 天后向发包人发出要求预付的通知，发包人收到通知后仍不能按要求预付，承包人可在发出通知后 7 天停止施工，发包人应从约定应付之日起向承包人支付应付款的贷款利息，并承担违约责任。

3. 工程量的确认

发包人支付工程款的前提是已完工程量的核实确认。

（1）承包人按专用条款约定的时间，向工程师提交已完工程量的报告。

（2）工程师接到报告后 7 天内按设计图纸核实已完工程量（以下称计量），并在计量前 24h 通知承包人，承包人为计量提供便利条件并派人参加。承包人收到通知后不参加计量，计量结果有效，作为工程价款支付的依据。

（3）工程师收到承包人报告后 7 天内未进行计量，从第 8 天起，承包人报告中开列的工程量即视为被确认，作为工程价款支付的依据。工程师不按约定时间通知承包人，致使承包人未能参加计量，计量结果无效。

（4）对承包人超出设计图纸范围和因承包人原因造成返工的工程量，工程师不予计量。

4. 工程进度款支付

在确认计量结果后 14 天内，发包人应向承包人支付工程款（进度款）。按约定时间发包人应扣回的预付款，与工程款（进度款）同期结算。调整的合同价款及其他条款中约定的追加合同价款，应与工程款（进度款）同期调整支付。

发包人超过约定的支付时间不支付工程款（进度款），承包人可向发包人发出要求付款的通知，发包人收到承包人通知后仍不能按要求付款，可与承包人协商签订延期付款协议，经承包人同意后可延期支付。协议应明确延期支付的时间和从计量结果确认后第 15 天起应付款的贷款利息。

发包人不按合同约定支付工程款（进度款），双方又未达成延期付款协议，导致施工无法进行，承包人可停止施工，由发包人承担违约责任。

6.5.2　工程变更

工程变更可分为设计变更和其他变更两大类，设计变更必须严格按照国家的规定和合同约定的程序进行，合同履行中发包人要求变更工程质量标准及发生其他实质性变更，由双方协商解决。

1. 工程变更的程序

（1）设计变更的程序

1）发包人原因对原设计进行的变更

施工中发包人如果需要对原工程设计进行变更，应在变更前 14 天以书面形式向承包人发出变更通知。承包人对于发包人的变更通知没有拒绝的权利，但是，变更超过原设计标准或批准的建设规模时，须经原规划管理部门和其他有关部门审查批准，并由原设计单位提供变更的相应的图纸和说明。

2）承包人原因对原设计进行的变更

承包人应严格按照图纸施工，不得随意变更设计。施工中承包人提出的合理化建议涉及对设计图纸或施工组织设计的更改及对原材料、设备的更换，须经工程师同意。工程师同意变更后，也须经原规划管理部门和其他有关部门审查批准，并由原设计单位提供变更的相应的图纸和说明。承包人未经工程师同意不得擅自更改或换用，否则承包人承担由此发生的费用，赔偿发包人的有关损失，延误的工期不予顺延。

3）设计变更事项

能够构成设计变更的事项包括更改有关部分的标高、基线、位置和尺寸；增减合同中约定的工程量；改变有关工程的施工时间和顺序；其他有关工程变更需要的附加工作。

（2）其他变更的程序

设计变更以外的变更，首先由变更方提出，与对方协商一致签署补充协议后，方可进行变更。

2. 变更后合同价款的确定

（1）变更后合同价款的确定程序

设计变更发生后，承包人在工程设计变更确定后 14 天内，提出变更工程价款的报告，经工程师确认后，调整合同价款。承包人在确定变更后 14 天内不向工程师提出变更工程价款报告时，视为该项设计变更不涉及合同价款的变更。工程师收到变更工程价款报告之日起 7 天内，予以确认。工程师无正当理由不确认时，自变更价款报告送达之日起 14 天后变更工程价款报告自行生效。其他变更参照这一程序进行。

（2）变更后合同价款的确定方法

1）合同中已有适用于变更工程的价格，按合同已有的价格计算、变更合同价款；

2）合同中只有类似于变更工程的价格，参照此价格确定变更价格，变更合同价款；

3）合同中没有适用或类似于变更工程的价格，由承包人提出适当的变更价格，经工程师确认后执行。

4）如果工程师不确认，则应提出新的价格，由双方协商，按照协商一致的价格执行。如果无法协商一致，可以由工程造价部门调解，如果双方或一方无法接受，则应当按照合同纠纷的解决方法解决。

6.5.3　FIDIC 合同条件下的工程变更

1. 工程变更的范围

工程变更的范围如下：

（1）对合同中任何工作工程量的改变，为了便于合同管理，当事人双方应在专用条款内约定工程量变化较大可以调整单价的百分比；

（2）工作质量或其他特性的变更；

（3）工程标高、位置和尺寸的改变；

（4）删减合同约定的工作内容；

（5）改变原定的施工顺序或时间安排。

2. 变更程序

颁发工程接收证书前的任何时间，工程师可以通过发布变更指示或要求承包商递交建议书的方式提出变更。

（1）指示变更

工程师在业主授权范围内根据施工现场的实际情况，在确属需要时有权发布变更指示。指示的内容应包括详细的变更内容、变更工程量、变更项目的施工技术要求和有关部门文件图纸以及变更处理的原则。

（2）要求承包商递交建议书后确定的变更

要求承包商递交建议书后确定的变更程序为：

1）工程师将计划变更事项通知承包商，并要求递交实施变更的建议书。

2）承包商应尽快予以答复。

3）工程师作出是否变更的决定，尽快通知承包商说明批准与否或提出意见。

4）承包商在等待答复期间，不应延误任何工作。

5）工程师发出每一项实施变更的指示，应要求承包商记录支出的费用。

6）承包商提出的变更建议书，只是作为工程师决定是否实施变更的参考。除了工程师作出指示或批准以总价方式支付的情况外，每一项变更应依据工程量进行估价和支付。

3. 变更估价

（1）变更估价的原则

1）变更工作在工程量表中有同种工作内容的单价或价格，应以该单价计算变更工程费用。实施变更工作未引起工程施工组织和施工方法发生实质性变动，不应调整该项目的单价。

2）工程量表中虽然列有同类工作的单价或价格，但对具体变更工作而言已不适用，则应在原单价或价格的基础上制定合理的新单价或价格。

3）变更工作的内容在工程量表中没有同类工作的单价或价格，应按照与合同单价水平相一致的原则，确定新的单价或价格。任何一方不能以工程量表中没有此项价格为借口，将变更工作的单价定得过高或过低。

（2）可以调整合同工作单价的原则

具备以下条件时，允许对某一项工作规定的单价或价格加以调整：

1）此项工作实际测量的工程量比工程量表或其他报表中规定的工程量的变动大于10%；

2）工程量的变更与对该项工作规定的具体单价的乘积超过了接受的合同款额的0.01%；

3）工程量的变更直接造成该项工作每单位工程量费用的变动超过1%。

（3）删减原定工作后对承包商的补偿

工程师发布删减工作的变更指示后承包商不再实施部分工作，合同价款中包括的直接费部分没有受到损害，但摊销在该部分的间接费、税金和利润实际不能合理回收，因此承包商可以就其损失向工程师发出通知并提供具体的证明资料，工程师与合同双方协商后确定一笔补偿金额加入到合同价内。

4. 承包商申请的变更

承包商根据工程施工的具体情况，可以向工程师提出对合同内任何一个项目或工作的详细变更请求报告。未经工程师批准前承包商不得擅自变更。

（1）承包商提出变更建议

承包商可以随时向工程师提交一份书面建议。承包商认为如果采纳其建议将可能：加速完工；降低业主实施、维护或运行工程的费用；对业主而言能提高竣工工程的效率或价值；为业主带来其他利益。

（2）承包商应自费编制此类建议书。

（3）如果由工程师批准的承包商建议包括一项对部分永久工程的设计的改变，通用条款规定如果双方没有其他协议，承包商设计该部分工程。如果其不具备设计资质，也可以委托有资质单位进行分包。变更的设计工作应按合同规定承包商负责设计的规定执行，包括：承包商应按照合同中说明的程序向工程师提交该部分工程的承包商的文件；承包商的文件必须符合规范和图纸的要求；承包商应对该部分工程负责，并且该部分工程完工后应适合于合同中规定的工程的预期目的；在开始竣工检验之前，承包商应按照规范规定向工程师提交竣工文件以及操作和维修手册。

（4）接受变更建议的估价。

（5）按照计日工作实施的变更。对于一些小的或附带性的工作，工程师可以指示按计日工作实施变更。这时，工作应按照包括在合同中的计日工作计划表进行估价。

6.5.4 竣工验收与结算

1. 竣工验收中承发包双方的工作程序和责任

工程具备竣工验收条件，承包人按国家工程竣工验收有关规定，向发包人提供完整竣工资料及竣工验收报告。双方约定由承包人提供竣工图的，应当在专用条款内约定提供的日期和份数。

发包人收到竣工验收报告后 28 天内组织有关单位验收，并在验收后 14 天内给予认可或提出修改意见。承包人按要求修改，并承担由自身原因造成修改的费用。

工程未经竣工验收或竣工验收未通过的，发包人不得使用。发包人强行使用时，由此发生的问题，由发包人承担责任。

2. 竣工结算

工程竣工验收报告经发包人认可后 28 天内，承包人向发包人递交竣工结算报告及完整的结算资料，双方按照协议书约定的合同价款及专用条款约定的合同价款调整内容，进行工程竣工结算。

发包人收到承包人递交的竣工结算报告及结算资料后 28 天内进行核实，给予确认或者提出修改意见。发包人确认竣工结算报告通知经办银行向承包人支付工程竣工结算价款。承包人收到竣工结算价款后 14 天内将竣工工程交付发包人。

发包人收到竣工结算报告及结算资料后 28 天内，无正当理由不支付工程竣工结算价款，从第 29 天起按承包人同期向银行贷款利率支付拖欠工程价款的利息，并承担违约责任。

发包人收到竣工结算报告及结算资料后 28 天内不支付工程竣工结算价款，承包人可以催告发包人支付结算价款。发包人在收到竣工结算报告及结算资料后 56 天内仍不支付的，承包人可以与发包人协议将该工程折价，也可以由承包人申请人民法院将该工程依法拍卖，承包人就该工程折价或者拍卖的价款优先受偿。

工程竣工验收报告经发包人认可后 28 天内，承包人未能向发包人递交竣工结算报告及完整的结算资料，造成工程竣工结算不能正常进行或工程竣工结算价款不能及时支付，发包人要求交付工程的，承包人应当交付；发包人不要求交付工程的，承包人承担保管责任。

对工程竣工结算价款发生争议时，按通用条款的约定处理。

3. 质量保修

承包人应按法律、行政法规或国家关于工程质量保修的有关规定，对交付发包人使用的工程在质量保修期内承担质量保修责任。

承包人应在工程竣工验收之前,与发包人签订质量保修书,作为合同附件。质量保修书的主要内容包括:①质量保修项目内容及范围;②质量保修期;③质量保修责任;④质量保修金的支付方法。

为保证保修任务的完成,承包人应当向发包人支付保修金,也可由发包人从应付承包人工程款内预留。质量保修金的比例及金额由双方约定。工程质量保证期满后,发包人应及时结算和返还质量保修金。发包人应在质量保证期满后14天内,将剩余保修金和按约定利率计算的利息返还承包人。

6.5.5 不可抗力事件

不可抗力包括因战争、动乱、空中飞行物体坠落或其他非发包人承包人责任造成的爆炸、火灾以及专用条款约定的风、雨、雪、洪、地震等自然灾害,是合同当事人不能预见、不能避免并不能克服的客观情况,在合同订立时应明确不可抗力的范围。

不可抗力事件发生后,承包人应立即通知工程师,并在力所能及的条件下迅速采取措施,尽力减少损失,发包人应协助承包人采取措施。不可抗力事件结束后48h内承包人向工程师通报受害情况和损失情况以及预计清理和修复的费用。不可抗事件持续发生,承包人应每隔7天向工程师报告一次受害情况。不可抗力事件结束后14天内,承包人向工程师提交清理和修复费用的正式报告及有关资料。

因不可抗力事件导致的费用及延误的工期由双方按以下方法分别承担:

(1)工程本身的损害、因工程损害导致第三方人员伤亡和财产损失以及运至施工场地用于施工的材料和待安装的设备的损害,由发包人承担;

(2)人员伤亡由其所在单位负责,并承担相应费用;

(3)承包人机械设备损坏及停工损失,由承包人承担;

(4)停工期间,承包人应工程师要求留在施工场地的必要的管理人员及保卫人员的费用由发包人承担;

(5)工程所需清理、修复费用,由发包人承担;

(6)延误的工期相应顺延,因合同一方迟延履行合同后发生不可抗力的,不能免除迟延履行方的相应责任。

6.5.6 施工合同保险

合同双方的保险义务分担如下:

(1)工程开工前,发包人为建设工程和施工场地内的发包方人员及第三方人员生命财产办理保险,支付保险费用。发包人可以将有关保险事项委托承包人办理,费用由发包人承担;

(2)运至施工场地内用于工程的材料和待安装设备,由发包人办理保险,并支付保险费用;

(3)承包人必须为从事危险作业的职工办理意外伤害保险,并为施工场地内自有人员生命财产和施工机械设备办理保险,支付保险费用;

(4)保险事故发生时,发包人承包人有责任尽力采取必要的措施,防止或者减少损失;

(5)具体投保内容和相关责任,发包人承包人在专用条款中约定。

【例6-6】某工程项目，建设单位通过公开招标方式确定某施工单位为中标人，双方签订了工程承包合同，合同工期3个月。

合同中有关工程价款及其支付的条款如下：

（1）分项工程清单中含有两个分项工程，工程量分别为甲项4500m³，乙项31000m³，清单报价中，甲项综合单价为200元/m³，乙项综合单价为12.93元/m³，乙项综合单价的单价分析表见表6-1。当某一分项工程实际工程量比清单工程量增加超出10%时，应调整单价，超出部分的单价调整系数为0.9；当某一分项工程实际工程量比清单工程量减少10%以上时，对该分项工程的全部工程量调整单价，单价调整系数为1.1。

（2）措施项目清单共有7个项目，其中环境保护等3项措施费用4.5万元，这3项措施费用以分部分项工程量清单计价合计为基数进行结算。剩余的4项措施费用共计16万元，一次性包死，不得调价。全部措施项目费在开工后的第1个月末和第2个月末按措施项目清单中的数额分两次平均支付，环境保护措施等3项费用调整部分在最后一个月结清，多退少补。

（3）其他项目清单中只包括招标人预留金5万元，实际施工中用于处理变更洽商，最后一个月结算。

（4）规费综合费率为4.89%，其取费基数为分部分项工程量清单计价合计、措施项目清单计价合计、其他项目清单计价合计之和；税金的税率为3.47%。

（5）工程预付款为签约合同价款的10%，在开工前支付，开工后的前两个月平均扣除。

（6）该项工程的质量保证金为签约合同价款的3%，自第1个月起，从承包商的进度款中，按3%的比例扣留。

合同工期内，承包商每月实际完成并经工程师签证确认的工程量见表6-1。

（乙项工程）工程量清单综合单价分析表（部分）　　单位：万元/m³　　表6-1

直接费	人工费	0.54		
	材料费	0		
	机械费	反铲挖掘机	1.83	10.89
		履带式推土机	1.39	
		轮式装载机	1.50	
		自卸卡车	5.63	
管理费	费率(%)	12		
	金额	1.31		
利润	利润率(%)	6		
	金额	0.73		
综合单价		12.93		

月份	1	2	3
甲项工程(m³)	1600	1600	1000
乙项工程(m³)	8000	9000	8000

【问题】

（1）该工程签约时的合同价款是多少万元？

（2）该工程的预付款是多少万元？

（3）该工程质量保证金是多少万元？

（4）各月的分部分项工程量清单计价合计是多少万元？并对计算过程做必要的说明。

（5）各月需支付的措施项目费是多少万元？

（6）承包商第1个月应得的进度款是多少万元？

计算结果均保留两位小数。

【分析】

（1）该工程签约合同价款：

$(4500×0.02+31000×0.001293+4.5+16+5)×(1+4.89\%)×(1+3.47\%)=$168.85万元。

（2）该工程预付款：$168.85×10\%=16.89$万元。

（3）该工程质量保证金：$168.85×3\%=5.07$万元。

（4）第1个月的分部分项工程量清单计价合计：$1600×0.02+8\,000×0.001293=$42.34万元。

第2个月的分部分项工程量清单计价合计：$1600×0.02+9000×0.001293=$43.64万元。

截至第3个月末，甲分项工程累计完成工程量$1600+1600+1000=4\,200m^3$，与清单工程量4500 m^3相比：$(4500-4200)/4500=6.67\%<10\%$，应按原价结算；乙分项工程累计完成工程量25000m^3，与清单工程量31000m^3相比，$(31000-25000)/31000=19.35\%>10\%$，按合同条款，乙分项工程的全部工程量应按调整后的单价计算，第3个月的分部分项工程量清单计价合计应为：

$1000×0.02+25000×0.001293×1.1-(8000+9000)×0.001293=33.58$万元。

（5）第1个月措施项目清单计价合计：$(4.5+16)÷2=10.25$万元。

（6）须支付措施费：$10.25×(1+4.89\%)×(1+3.47\%)=11.12$万元。

第2个月须支付措施费：同第1个月，11.12万元。

环境保护等三项措施费费率为：$4.5÷(4500×0.02+31000×0.001293)=3.46\%$。

第3个月措施项目清单计价合计：$(42.34+43.64+33.58)×3.46\%-4.5=-0.36$万元。

须支付措施费：$-0.36×(1+4.89\%)×(1+3.47\%)=-0.39$万元。

按合同多退少补，即应在第3个月末扣回多支付的0.39万元的措施费。

（7）施工单位第1个月应得进度款为：

$(42.34+10.25)×(1+4.89\%)×(1+3.47\%)×(1-3\%)-16.89÷2=$46.92万元。

6.6 施工合同的违约责任和争议解决

6.6.1 建设工程纠纷的分类

建设工程纠纷分为民事纠纷和行政纠纷两大类。

44. 施工合同的违约
责任和争议解决

1. 民事纠纷

民事纠纷，是指平等主体的当事人之间发生的纠纷。这种纠纷又可分为两大类：合同纠纷和侵权纠纷。前者是指当事人之间对合同是否成立、生效，对合同的履行情况和不履行的后果等产生的纠纷，如建设工程勘察设计合同纠纷、建设工程施工合同纠纷、建设工程委托监理合同、建材及设备采购合同纠纷等；后者是指由于一方当事人对另一方侵权而产生的纠纷，如工程施工中由于施工单位未采取安全措施而对他人造成损害而产生的纠纷等。其中合同纠纷是建设活动中最常出现的纠纷。

2. 行政纠纷

行政纠纷，是指行政机关与相对人之间因行政管理而产生的纠纷，如在办理施工许可证时符合办证条件而不予办理所导致的纠纷；在招标投标过程中行政机关进行行政处罚而产生的纠纷等。

6.6.2 民事纠纷处理的方式

民事纠纷，特别是发包人和承包人就有关工期、质量、造价等方面产生的建设工程合同争议，是工程建设领域最常见的纠纷形式。建设工程民事纠纷的处理方式主要有和解、调解、仲裁、诉讼。《民法典》第十条规定，处理民事纠纷，应当依照法律，法律没有规定的，可以适用习惯，但是不得违背公序良俗。

1. 和解

和解，是指当事人在自愿互谅的基础上，就已经发生的争议进行协商并达成协议，从而解决争议的一种方式。

和解的应用非常广泛，发生争议后，当事人即可自行和解；即使在申请仲裁或诉讼后仍然可以和解。自行和解的结果没有强制执行的法律效力，要靠当事人的自觉履行；仲裁或诉讼程序中在仲裁庭和法院的主持下的和解属于法定程序，其解决方法有强制执行的法律效力。

和解有利于维持和发展双方的合作关系，而且经协商达成的协议，当事人一般也能自觉遵守；当事人在不违反法律、行政法规强制性规定的前提下，可以根据实际需要以多种方式进行磋商，以使争议得到灵活的解决；和解能够节省大量费用和时间，从而使当事人之间的争议得以较为经济和及时的解决。

2. 调解

调解，是指第三人应纠纷当事人的请求，依法或依合同约定，对双方当事人进行说服教育，居中调停，使其在互相谅解、互相让步的基础上解决纠纷的一种途径。

调解包括法院调解和诉讼外调解。法院调解，是指在人民法院的主持下，在双方当事人自愿的基础上，以制作调解书的形式，解决纠纷的一种方式；诉讼外调解分为民间调解、行政调解和仲裁调解。民间调解是在当事人以外的第三人或组织的主持下，通过相互谅解，使纠纷得到稳妥的解决；行政调解，是指在有关行政机关的主持下，依据相关法律、行政法规、规章和政策，处理纠纷的一种方式；仲裁庭在作出裁决前，可以进行调解即仲裁调解，当事人自愿调解的，仲裁庭应调解。仲裁的调解达成协议，应制作调解书或裁决书。

> **【例 6-7】** 2023 年 8 月 2 日，某建筑公司与某采砂场签订了一个购买砂子的合同，合同中约定砂子的细度模数为 2.4。但是在交货时候，经试验确认所运来的砂子的细度模数是 2.2。于是建筑公司要求采砂场承担违约责任。2023 年 8 月 3 日，双方经协商达成一致意见，建筑公司同意接收这批砂子，但只需要支付 98% 的价款。2023 年 8 月 20 日，建筑公司反悔，要求按照原合同履行并要求采砂场承担违约责任。
>
> **【分析】** 不予支持。双方和解后达成的协议不具有强制约束力，指的是不能成为人民法院强制执行的直接根据。但是，并不意味着达成的和解协议是没有法律效力的。该和解协议是对原合同的补充，不仅是有效的，而且其效力要高于原合同。因此，建筑公司提出的按照原合同履行的要求不应予以支持。

3. 仲裁

仲裁，是指发生争议的当事人，根据达成的仲裁协议，自愿将该争议提交中立的第三者（仲裁机构）进行裁判的争议解决制度。

仲裁法律基本制度包括：

（1）协议仲裁制度

根据《中华人民共和国仲裁法》（以下简称《仲裁法》）第四条规定，当事人采用仲裁方式解决纠纷，应当双方自愿，达成仲裁协议。没有仲裁协议，一方申请仲裁的，仲裁委员会不予受理。

（2）或裁或审制度

仲裁和诉讼是两种不同的争议解决方式，当事人只能选择其中一种加以采用。《仲裁法》第五条规定，当事人达成仲裁协议，一方向人民法院起诉的，人民法院不予受理，但仲裁协议无效的除外。

（3）一裁终局制度

《仲裁法》第九条第一款规定，仲裁实行一裁终局的制度。裁决作出后，当事人就同一纠纷再申请仲裁或者向人民法院起诉的，仲裁委员会或者人民法院不予受理。

当事人应履行仲裁裁决。一方当事人不履行的，另一方当事人可以依照民事诉讼法的有关规定向人民法院申请强制执行。

仲裁裁决应当按照多数仲裁员的意见作出，少数仲裁员的不同意见可以记入笔录。仲裁庭不能形成多数意见时，裁决应当按照首席仲裁员的意见作出。裁决书自作出之日起发生法律效力。

> **【例 6-8】** 某建筑公司与某开发公司签订的施工承包合同中约定了解决纠纷的方法，双方同意采取仲裁的方式来解决纠纷。开发公司以建筑公司不具备资质为由，到法院起诉请求确认该合同无效。你认为法院是否会受理？

【分析】法院会裁定不予受理。依照法律规定，双方当事人对合同纠纷自愿达成书面仲裁协议向仲裁机构申请仲裁、不得向人民法院起诉，告知原告向仲裁机构申请仲裁。

4. 诉讼

诉讼，是指人民法院在当事人和其他诉讼参与人的参加下，以审理、裁判、执行等方式解决民事纠纷的活动以及由此产生的各种诉讼关系的总和。诉讼参与人包括原告、被告、第三人、证人、鉴定人、勘验人等。当事人在合同中未约定仲裁条款，事后又未达成书面仲裁协议或仲裁协议无效的，可以向法院起诉。

诉讼中证据包括书证、物证、视听资料、证人证言、当事人的陈述、鉴定结论、勘验笔录等。

当事人对自己提出的主张，有责任提供证据。当事人及其诉讼代理人因客观原因不能自行收集的证据，或者人民法院认为审理案件需要的证据，人民法院应当调查收集。书证应当提交原件，物证应当提交原物。提交原件、原物有困难的，可以提交复制品、照片、副本、节录本。提交外文书证，必须附有中文译本。人民法院对专门性问题认为需要鉴定的，应当交由法定鉴定部门鉴定；没有法定鉴定部门的，由人民法院指定的鉴定部门鉴定。建设工程合同纠纷往往涉及工程质量、工程造价等专门性的问题，在诉讼中一般也需要进行鉴定。

【例6-9】某工程项目建设单位与某设计单位达成口头协议，由设计单位在3个月之内提供全套施工图纸。之后又与某施工单位签订了施工合同。

半个月后，设计单位以设计费过低为由要求提高设计费，并提出，如果建设单位表示同意，双方立即签订书面合同，否则，设计单位将不能按期提供图纸。建设单位表示反对，并声称，如果设计单位到期不履行协议，将向法院起诉。

【问题1】此案中，双方当事人签订的合同有无法律效力？为什么？

施工合同规定，由建设单位提供建筑材料，于是，建设单位于2023年3月1日以信件的方式向上海B建材公司发出要约："愿意购买贵公司水泥1万t，按350元/t的价格，你方负责运输，货到付款，30天内答复有效。"3月10日信件到达B建材公司，B建材公司收发员李某签收，但由于正逢下班时间，于第二天将信交给公司办公室。恰逢B建材公司董事长外出，2023年4月6日才回来，看到建设单位的要约，立即以电话的方式告知建设单位："如果价格为380元/t，可以卖给贵公司1万t水泥。"建设单位不予理睬。4月20日上海C建材公司经理吴某在B建材公司董事长办公室看到了建设单位的要约，当天回去向建设单位发了传真："我们愿意以350元/t的价格出售1万t水泥。"建设单位第二天回电C建材公司："我们只需要5000t。"C建材公司当天回电："明日发货"。

【问题2】

(1) 2023年4月6日B建材公司电话告知建设单位的内容是要约还是承诺？为什么？

(2) 建设单位对2023年4月6日B建材公司电话不予理睬是否构成违约？为什么？

(3) 2023年4月20日C建材公司的传真是要约还是承诺？为什么？

（4）2023 年 4 月 21 日建设单位对 C 建材公司的回电是要约还是承诺？为什么？

（5）2023 年 4 月 21 日 C 建材公司对建设单位的回电是要约还是承诺？

建设单位向建筑钢材供应商甲以 5000 元/t 的价格购买一批进口螺纹钢，后经查实，该批螺纹钢为国产，市场价格只有 3500 元/t，为此，建设单位与该建筑钢材供应商发生纠纷。之后，建设单位授权本单位采购员李某向建筑钢材供应商乙购买 60t 螺纹钢，李某与乙签订了 60t 螺纹钢的合同，之后，李某见螺纹钢质量好、价格优，便以建设单位的名义与建筑钢材供应商乙又签订了 20t 螺纹钢的供货合同，双方约定："建筑钢材供应商乙向建设单位于 8 月 25 日前供货，先交货后付款，合同价款 28 万元，由建筑钢材供应商乙送货到施工现场，合同约定违约金为 2 万元。"8 月 20 日，建筑钢材供应商乙听说（没有确切的证据证明）建设单位由于经营状况严重恶化，可能无力支付货款，于是没有按照约定交货，8 月 26 日建设单位既不见建筑钢材供应商乙送货，也无履约消息，于是建设单位当天电话催促，建筑钢材供应商乙回应还需要 10 天才能交货，而建设单位称 9 月 1 日要用于施工，要求建筑钢材供应商乙 9 月 1 日前送货，但遭到建筑钢材供应商乙的反对，双方未达成一致。建设单位便从建筑钢材供应商丙处花 31 万元购进同规格的螺纹钢。9 月 8 日建筑钢材供应商乙将螺纹钢送到施工现场，建设单位拒收，并要求建筑钢材供应商乙赔偿其损失 3 万元，承担违约金 2 万元。

【问题 3】

（1）本案中建设单位与建筑钢材供应商甲的纠纷应当按无效合同处理还是按可撤销合同处理？为什么？

（2）李某与建筑钢材供应商乙签订螺纹钢的供货合同是否有效？为什么？

（3）建设单位可以解除与建筑钢材供应商乙的合同吗？为什么？建设单位要求建筑钢材供应商乙赔偿其损失 3 万元和承担违约金 2 万元合理吗？为什么？

（4）建设工程合同纠纷解决的途径有哪些？本案例建设单位与建筑钢材供应商乙纠纷的责任应由哪一方承担？应如何承担？

【分析 1】无法律效力，因为根据《民法典》规定，建设工程合同应采用书面形式。设计合同属于建设工程合同的一种，因此不能采用口头协议，而必须采用书面形式。

【分析 2】

（1）要约。根据《民法典》规定，承诺是受要约人同意要约的意思表示。而 B 建材公司改变了建设单位要约中的价格，由 350 元/t 变为 380 元/t，已改变了要约的实质性内容，应视为新要约。

（2）不违约，因为 B 建材公司的电话内容实质是发出新要约，建设单位不理睬即并未对此要约有承诺的意思表示更谈不上违约。

（3）要约。因为建设单位的要约已过期限且建设单位的要约未向 C 建材公司发出。

（4）要约。数量变化属于实质性变更，已构成新要约。

（5）承诺。

【分析3】

（1）按可撤销合同处理。根据《民法典》规定，一方以欺诈、胁迫的手段订立合同，损害国家利益的属于无效合同。而建筑钢材供应商甲的行为属于欺诈，损害了建设单位的利益，未损害国家的利益，因此按可撤销合同处理。

（2）李某与建筑钢材供应商乙签订了80t螺纹钢的供货合同，其中60t螺纹钢合同有效，另外20t螺纹钢属于效力待定，若建设单位在规定的期限内追认，则有效，否则无效。

（3）可以解除，这是属于法定解除的情形。因为建筑钢材供应商乙迟延履行主要债务，经建设单位催告后，在建设单位提出的合理期限内仍不能履行。所以建设单位可以依据法定解除的情形单方面解除合同。

建设单位的要求不合理。《民法典》规定，当事人一方不履行合同义务或者履行合同义务不符合约定，给对方造成损失的，损失额应当相当于因违约所造成的损失，包括合同履行后可以获得的利益，但不得超过违反合同一方订立合同时预见或者应当预见到的因违反合同可能造成的损失。《民法典》还规定，约定的违约金低于造成的损失的，当事人可以请求人民法院或者仲裁机构予以增加。本案中约定的违约金2万元低于造成的损失3万元，可见属于约定的违约金低于造成的损失的情形，所以建设单位可以请求法院或仲裁机构增加违约金，增加的额度以实际造成的损失为限，也就是说建设单位可以请求法院将合同中的违约金增加到3万元。而案例中建设单位要求建筑钢材供应商乙支付3万元的损失赔偿以及2万元的违约金，总计5万元，已经超过建筑钢材供应商乙违约给建设单位造成的实际损失，所以建设单位的主张不能成立。

（4）建设工程合同纠纷解决的途径有和解、调解、仲裁、诉讼四种。本纠纷应由建筑钢材供应商乙承担违约责任，承担的方式应该是赔偿损失3万元。

6.7 建设工程索赔的基础知识

索赔是工程承包中经常发生的正常现象。由于施工现场条件、气候条件的变化，施工进度、物价的变化以及合同条款、规范、标准文件和施工图纸的变更、差异、延误等因素的影响，使得工程承包中不可避免地出现索赔。

6.7.1 建设工程索赔概念

索赔一词来源于英语"Claim"，其原意表示"有权要求"，法律上叫"权利主张"，并没有赔偿的意思。工程建设索赔，通常是指在合同履行过程中，对于并非自己的过错，而是应由对方承担责任的情况造成的实际损失，向对方提出经济补偿和（或）工期顺延的要求。

45. 建设工程索赔
的基础知识

6.7.2 工程索赔产生的原因

1. 当事人违约

当事人违约常常表现为没有按照合同约定履行自己的义务。发包人违约常表现为没有为承包人提供合同约定的施工条件、未按照合同约定的期限和数额付款等。工程师未能按照合同约定完成工作，如未能及时发出图纸、指令等也视为发包人违约。承包人违约的情况则主要是没有按照合同约定的质量、期限完成施工，或由于不当行为给发包人造成其他损害。

2. 不可抗力事件

不可抗力又可分为自然事件和社会事件。自然事件主要是不利的自然条件和客观障碍，如在施工过程中遇到了经现场调查无法发现、业主提供的资料中也未提到的、无法预料的情况，如地下水、地质断层等。社会事件则包括国家政策、法律、法令的变更，战争、罢工等。

3. 合同缺陷

合同缺陷表现为合同文件规定不严谨甚至矛盾，合同中的遗漏或错误。在这种情况下，工程师应给予解释，如果解释导致成本增加或工期延长，发包人应给予补偿。

4. 合同变更

合同变更表现为设计变更、施工方法变更、追加或取消某些工作、合同其他规定的变更等。

5. 工程师指令

工程师指令有时也会产生索赔，如工程师指令承包人加速施工、进行某项工作、更换某些材料、采取某些措施等。

6. 第三方原因

第三方原因常常表现为与工程有关的第三方的问题而引起的对本工程的不利影响。

6.7.3 索赔的分类

1. 索赔目的分类

（1）工期索赔：工期索赔是承包商向业主要求延长施工的时间，是原定的工程竣工日期顺延一段合理时间。

（2）费用索赔：经济索赔就是承包商向业主要求补偿不应该由承包商自己承担的经济损失或额外开支，也就是取得合理的经济补偿。

2. 索赔处理分类

（1）单项索赔：单项索赔就是采取一事一索赔的方式，即在每一件索赔事项发生后，报送索赔通知书，编报索赔报告书，要求单项解决支付，不与其他的索赔事项混在一起。

（2）综合索赔：综合索赔又称总索赔，俗称一揽子索赔。即对整个工程（或某项工程）中所发生的数起索赔事项，综合在一起进行索赔。也是总成本索赔，是对整个工程（或某项目工程）的实际总成本与原预算成本的差额提出索赔。

3. 索赔对象分类

（1）承包人与发包人之间的索赔；

（2）承包人与分包人之间的索赔；

（3）承包人或发包人与供货人之间的索赔；

（4）承包人或发包人与保险人之间的索赔。

6.7.4 工程索赔的处理原则

1. 索赔必须以合同为依据

不论是风险事件的发生，还是当事人不完成合同工作，都必须在合同中找到相应的依据。包括合同中隐含的依据。

2. 及时、合理地处理索赔

索赔事件发生后，索赔的提出应及时，索赔的处理也应及时。索赔处理得不及时，对双方都会产生不利的影响。处理索赔还必须坚持合理性原则，既考虑到国家的有关规定，也应考虑到工程的实际情况。

3. 加强主动控制，减少工程索赔

工程管理过程中，应尽量将控制工作做在前面，减少索赔事件的发生。

6.8 建设工程施工索赔

建设工程施工索赔，通常是指在工程合同履行过程中，合同当事人一方因对方不履行或未能正确履行合同或者由于其他非自身因素而受到经济损失或权利损害，通过合同规定的程序向对方提出经济或时间补偿要求的行为。

46. 索赔的程序

6.8.1 索赔的程序

1. 施工合同规定的工程索赔程序

发包人未能按合同约定履行自己的各项义务或发生错误以及第三方原因，给承包人造成延期支付合同价款、延误工期或其他经济损失，包括不可抗力延误的工期，按以下程序进行索赔：

（1）承包人提出索赔意向通知

索赔事件发生28天内，承包人向工程师发出索赔意向通知。合同实施过程中，凡不属于承包人责任导致项目延期和成本增加事件发生后的28天内，必须以正式函件通知工程师，声明对此事项要求索赔，同时仍须遵照工程师的指令继续施工。逾期申报时，工程师有权拒绝承包人的索赔要求。

（2）提交索赔报告

发出索赔意向通知后28天内，向工程师提出补偿经济损失和（或）延长工期的索赔报告及有关资料。正式提出索赔申请后，承包人应抓紧准备索赔的证据资料，包括事件的原因、对其权益影响的证据资料、索赔的依据，计算受该事件影响要求的索赔额和申请展延工期天数，并在索赔申请发出的28天内报出。

（3）工程师审核承包人的索赔申请

工程师在收到承包人送交的索赔报告和有关资料后，于28天内给予答复，或要求承包人进一步补充索赔理由和证据。接到承包人的索赔信件后，工程师应立即研究承包人的索赔资料，在不确认责任属谁的情况下，依据自己的同期记录资料客观分析事故发生的原因，依据有关合同条款，研究承包人提出的索赔证据。必要时还可以要求承包人进一步提交补充资料，包括索赔的更详细说明材料或索赔计算的依据。工程师在 28 天内未予答复或未对承包人作进一步要求，视为该项索赔已经认可。

（4）阶段性发出索赔意向

当该索赔事件持续进行时，承包人应阶段性向工程师发出索赔意向，在索赔事件终了后 28 天内，向工程师提供索赔的有关资料和最终的索赔报告。

（5）工程师与承包人谈判

工程师与承包人依据对这一事件的处理方案进行协商，以期通过谈判达成一致意见，如果双方对该事件的责任、索赔款额或工期展延天数分歧较大，通过谈判达不成共识，则按照条款规定，工程师有权确定一个他认为合理的单价或价格作为最终的处理意见，报送业主并通知承包人。

（6）发包人审批工程师的索赔处理证明

发包人根据事件发生的原因、责任范围、合同条款审核承包人的索赔申请和工程师的处理报告，再根据项目的目的、投资控制、竣工验收要求以及针对承包人在实施合同过程中的缺陷或不符合合同要求的地方提出反索赔方面的考虑，决定是否批准工程师的索赔报告。

（7）承包人接受索赔决定

承包人同意最终的索赔决定，索赔事件即告结束，若承包人不接受工程师的索赔决定，就会导致合同纠纷。通过谈判和协调双方达成互让的解决方案是处理纠纷的理想方式。如果双方不能达成谅解，诉诸仲裁或诉讼。

承包人未能按合同约定履行自己的各项义务和发生错误给发包人造成损失的，发包人也可按上述时限向承包人提出索赔。

2. FIDIC 合同条件规定的工程索赔程序

FIDIC 合同条件只对承包商的索赔作出了规定。

（1）承包商发出索赔通知

如果承包商认为有权得到竣工时间的延长期和（或）追加付款，承包商应当向工程师发出通知，说明索赔的事件或情况。该通知应尽快在承包商察觉该事件或情况后 28 天内发出。

（2）承包商未及时发出索赔通知的后果

如果承包商未能在上述 28 天期限内发出索赔通知，则竣工时间不得延长，承包商无权获得追加付款，而业主应免除有关该索赔的全部责任。

（3）承包商递交详细的索赔报告

在承包商察觉或者应察觉该事件或情况后 42 天内，或在承包商可能建议并经工程师认可的其他期限内，承包商应向工程师递交一份充分详细的索赔报告，包括索赔的依据、要求延长的时间和（或）追加付款的全部详细资料。如果引起索赔的事件或情况具有连续影响，则上述充分详细索赔报告应被视为是中间的，承包商应按月递交进一步的中间索赔报告，说明累计索赔延误时间和（或）金额，以及所有可能的合理要求的详细资料，承包商应在索赔的事件或情况产生影响结束后 28 天内，或在承包商可能建议并经工程师认可的其他期限内，递交一份最终索赔报告。

（4）工程师的答复

工程师在收到索赔报告或对过去索赔的任何进一步证明资料后 42 天内，或在工程师可能建议并经承包商认可的其他期限内，作出回应，表示批准或不批准并附具体意见。工程师应商定或者确定应给予竣工时间的延长期及承包商有权得到的追加付款。

6.8.2 索赔的依据

索赔依据包括两个方面，一是指索赔的法律依据，即由发包方与承包方订立的工程承包合同和法律法规。二是指能证明索赔正当性和具体数额的事实。

在工程过程中常见的索赔依据有：

（1）招标文件、合同文本及附件。招标文件、合同文本及附件是索赔的主要依据，其他的各种签约（备忘录，修正案等）、发包方认可的原工程实施计划、各种工程图纸（包括图纸修改指令）、技术规范等也属于索赔依据。

（2）来往信件。来往信件包括发包方的变更指令、各种认可信、通知、对承包方问题的答复信等。这些信件内容常常包括某一时期工程进展情况的总结以及与工程有关的当事人及具体事项。这些信件的签发日期对计算工程延误时间很有参考价值。

（3）承包方与监理工程师及工程师代表的谈话资料。

（4）各种施工进度表。工期的延误时往往可以从计划进度表中反映出来。开工前和施工中编制的进度表都应妥善保存。

（5）施工现场的工程文件。施工现场的工程文件如施工记录、施工备忘录、施工日报、工长或检查员的工作日记、监理工程师填写的施工记录等，都是索赔的有力证据。

（6）会议记录。建设单位（发包方）与承包方、总承包方与分包方之间召开现场会议讨论工程情况的记录。

（7）工程照片。工程照片作为索赔依据最清楚和直观。照片上应注明日期。索赔中常用表示工程进度的照片、隐蔽工程覆盖前的照片、发包方责任造成返工的照片以及发包方责任造成工程损坏的照片等。

（8）各种财务记录。各种财务记录包括施工进度款支付申请单；工人工资单；材料、设备、配件等的采购单；付款收据；收款单据；工地开支报告；会计日报表；会计总账；批准的财务报告；会计往来信函及文件；通用货币汇率变化表等。

（9）工程检查和验收报告。由监理工程师签字的工程检查和验收报告，反映出某一单项工程在某一特定阶段竣工的进度，并记录了该单项工程竣工和验收的时间。

（10）国家法律、法令、政策文件。在索赔报告中只需引用文号、条款号即可，并在索赔报告后附上复印件。

6.8.3 索赔费用的组成

索赔费用的组成与建筑安装工程造价的组成类似，一般包括以下几个方面：

1. 人工费

人工费，是指列入概算定额的直接从事建筑安装工程施工的生产工人和附属辅助生产单位的工人开支的各项费用。在索赔费用中还包括增

47. 索赔的分析
和计算

加工作内容的人工费、停工损失费和工作效率降低的等损失费的累计，其中增加工作内容的人工费应按照计日工费计算，而停工损失费和工作效率降低的损失费按窝工费计算，窝

工费的标准双方应在合同中设定。

2. 设备费

设备费可采用机械台班费、机械折旧费、设备租赁费等几种形式计算。当工作内容增加引起的设备费索赔时，设备费的标准按照机械台班费计算。因窝工引起的设备费索赔，当施工机械属于施工企业自有时，按照机械折旧费计算索赔费用；当施工机械是企业从外部租赁时，索赔费用的标准按照设备租赁费计算。

3. 材料费

材料费的索赔包括：由于索赔事项材料实际用量超过计划用量而增加的材料费；由于客观原因材料价格大幅度上涨；由于非承包人责任工程延期导致的材料价格上涨和超期储存的费用。材料费中应包括运输费、仓储费以及合理的损耗费用。如果由于承包人管理不善，造成材料损坏失效，则不能列入索赔计价。承包人应该建立健全物资管理制度，记录建筑材料的进货日期和价格，以便索赔时能准确地分离出索赔事项所引起的材料额外耗用量。为了证明材料单价的上涨，承包人应提供可靠的订货单、采购单，或官方公布的材料价格调整指数。

4. 管理费

此项可分为现场管理费和企业管理费两部分。索赔款项中的现场管理费，是指承包人完成额外工程、索赔事项工作以及工期延长期间的费用，包括管理人员工资、办公、通信、交通费等。索赔款中的企业管理费主要指的是工程延期间所增加的管理费。包括总部职工工资、办公大楼、办公用品、财务管理、通信设施以及企业领导人员赴工地检查指导工作等开支。

5. 利润

一般来说，由于工程范围的变更、文件有缺陷或技术性错误、业主未能提供现场等引起的索赔，承包商可列入利润。但对于工程暂停的索赔，由于利润通常是包括在每项实事工程内容的价格之内，而延长工期并未影响削减某些项目的实施，也未导致利润减少。所以，一般监理工工程师很难同意在工程暂停的费用索赔中加入利润损失。索赔利润的款额计算通常是与原报价单中的利润百分率保持一致。

6. 延迟付款利息

发包人未按约定时间进行付款的，应按银行同期贷款利率支付延迟付款的利息。

6.8.4　计算方法

索赔费用的计算方法有实际费用法、总费用法和修正的总费用法。

1. 实际费用法

实际费用法是计算工程索赔时最常用的一种方法。这种方法的计算原则是以承包商为某项索赔工作所支付的实际开支为根据，向业主要求费用补偿。

用实际费用法计算时。在直接费的额外费用部分的基础上，再加上应得的间接费和利润，即是承包商应得的索赔金额。由于实际费用法所依据的是实际发生的成本记录或单据，所以，在施工过程中，系统而准确地积累记录资料是非常重要的。

2. 总费用法

总费用法就是当发生多次索赔事件以后，重新计算该工程的实际总费用，实际总费用减去投标报价时的估算总费用，即为索赔金额，即：

$$索赔金额＝实际总费用－投标报价估算总费用 \qquad (6-1)$$

不少人对采用该方法计算索赔费用持批评态度，因为实际发生的总费用中可能包括了承包商的原因，如施工组织不善而增加的费用；同时投标报价估算的总费用也可能为了中标而过低。所以这种方法只有在难以采用实际费用法时才应用。

3. 修正的总费用法

修正的总费用法是对总费用法的改进，即在总费用计算的原则上，去掉一些不合理的因素，使其更合理。修正的内容如下：

（1）将计算索赔款的时段局限于受到外界影响的时间，而不是整个施工期；

（2）只计算受影响时段内的某项工作所受影响的损失，而不是计算该时段内所有施工工作所受的损失；

（3）与该项工作无关的费用不列入总费用中；

（4）对投标报价费用重新进行核算：按受影响时段内该项工作的实际单价进行核算，乘以实际完成的该项工作的工程量，得出调整后的报价费用。

按修正后的总费用计算索赔金额见公式（6-2）。

$$索赔金额＝某项工作调整后的实际总费用－该项工作的报价费用 \qquad (6-2)$$

修正的总费用法与总费用法相比，有了实质性的改进，它的准确程度已接近于实际费用法。

6.8.5 索赔报告的内容

一个完整的索赔报告应包括以下四个部分：

1. 总论

总论部分包括序言、索赔事项概述、具体索赔要求、索赔报告编写及审核人员名单。

2. 索赔根据

索赔根据主要是说明自己具有的索赔权利，这是索赔能否成立的关键。索赔根据部分的内容主要来自该工程项目的合同文件，并参照有关法律规定，施工单位应引用合同中的具体条款，说明自己理应获得经济补偿或工期延长。

索赔根据部分应包括索赔事件的发生情况、已递交索赔意向书的情况、索赔事件的处理过程、索赔要求的合同根据、所附的证据资料。

3. 索赔额计算

索赔额计算部分的任务就是决定得到的索赔款额和工期。施工单位必须阐明索赔款的要求总额、各项索赔款的计算，如额外开支的人工费、材料费、管理费和所失利润，指明各项开支的计算依据及证据资料，施工单位应注意采用合适的计价方法。

4. 索赔证据

索赔证据包括该索赔事件所涉及的一切证据资料以及对这些证据的说明，证据是索赔报告的重要组成部分，要注意该证据的效力或可信程度，对重要的证据资料最好附以文字证明或确认件。

6.9 建设工程施工索赔的计算

6.9.1 网络分析法

网络分析法是利用进度计划的网络图分析其关键线路。如果延误的工作为关键工作，则总延误的时间为批准顺延的工期；如果延误的工作为非关键工作，当该工作由于延误超过时差限制而成为关键工作时，可以批准延误时间与时差的差值；若该工作延误后仍为非关键工作，则不存在工期索赔问题。网络分析法是一种科学、合理的方法。通常可适应于各种干扰事件引起的工程索赔。

48. 索赔综合案例

【例6-10】某建筑公司（乙方）于2023年4月20日与某厂（甲方）签订了修建建筑面积为3000m²工业厂房（带地下室）的施工合同。乙方编制的施工方案和进度计划已获监理工程师批准。该工程的基坑施工方案规定：土方工程采用租赁一台斗容量为1m²的反铲挖掘机施工。甲、乙双方合同约定5月11日开工，5月20日完工。在实际施工中发生如下几项事件：

事件1：因租赁的挖掘机大修，晚开工2天，造成人员窝工10个工日；

事件2：基坑开挖后，因遇软土层，接到监理工程师5月15日停工的指令，进行地质复查，配合用工15个工日；

事件3：5月19日接到监理工程师5月20日复工令，5月20日~5月22日，因下罕见的大雨迫使基坑开挖暂停，造成人员窝工10个工日；

事件4：5月23日用30个工日修复冲坏的永久道路，5月24日恢复正常挖掘工作，最终基坑于5月30日挖坑完毕。

【问题1】合同的订立要经过哪几个必要的程序？

【问题2】依据合同订立程序分析，招标公告、投标文件、中标通知书分别属于什么？

【问题3】工程索赔按索赔目的不同分为哪几类？

【问题4】每项事件工期索赔各是多少天？总计工期索赔是多少天？

分析：

【分析1】合同的订立要经过两个必要的程序，要约与承诺。

【分析2】招标公告属要约邀请，投标文件属于要约，中标通知书属于承诺。

【分析3】工程索赔、费用索赔。

【分析4】

事件1：索赔不成立。因事件发生原因属承包商自身责任。

事件2：索赔成立。因该施工地质条件的变化是一个有经验的承包商所无法合理预见的。

索赔工期5天（5月15日—5月19日）。

事件3：索赔成立。因特殊反常的恶劣天气造成工程延误。

索赔工期3天（5月20日—5月22日）。

事件4：索赔成立。因恶劣的自然条件或不可抗力引起的工程损坏及修复应由业主承担责任。

索赔工期1天（5月23日）。

所以总计工期索赔是5＋3＋1＝9天。

【例 6-11】某建筑公司（乙方），于 2021 年 10 月 10 日与某大学（甲方）签订了新建建筑面积为 20000m² 的综合教学楼的施工合同。乙方编制的施工方案和进度计划已获监理工程师的批准。该工程的基坑施工方案规定：土方工程采用租赁两台斗容量为 1m³ 的反铲挖掘机施工。甲乙双方合同约定 2021 年 11 月 6 日开工，2023 年 7 月 6 日竣工。在实际施工中发生以下几项事件。

事件 1：2021 年 11 月 10 日，因租赁的两台挖掘机大修，致使承包人停工 10 天。承包人提出停工损失人工费、机械闲置费等 3.6 万元。

事件 2：2022 年 5 月 9 日，因发包人供应的钢材经检验不合格，承包人等待钢材更换，使部分工程停工 20 天。承包人提出停工损失人工费、机械闲置费等 7.2 万元。

事件 3：2022 年 7 月 10 日，因发包人提出对原设计局部修改引起部分工程停工 13 天，承包人提出停工损失费 6.3 万元。

事件 4：2022 年 11 月 21 日，承包人书面通知发包人于当月 24 日组织主体结构验收。因发包人接收通知人员外出开会，使主体结构验收的组织推迟到当月 30 日才进行，也没有事先通知承包人。承包人提出装饰人员停工等待 6 天的费用损失 2.6 万元。

事件 5：2023 年 7 月 28 日，该工程竣工验收通过。工程结算时，发包人提出反索赔应扣除承包人延误工期 22 天的罚金。按该合同"每提前或推后工期一天，奖励或扣罚 6000 元"的条款规定，延误工期罚金共计 13.2 万元人民币。

【问题 1】承包人对上述哪些事件可以向发包人要求索赔，哪些事件不可以要求索赔？发包人对上述哪些事件可以向承包人提出反索赔？并说明原因。

【问题 2】每项事件工期索赔和费用索赔各是多少？

【问题 3】简述本案例给人的启示。

【分析 1】

事件 1：索赔不成立。因为此事件属承包人自身责任。

事件 2：索赔成立。因为此事件属发包人自身责任。

事件 3：索赔成立。因为此事件属发包人自身责任。

事件 4：索赔成立。因为此事件属发包人自身责任。

事件 5：反索赔成立。因此事件发生原因属承包人的责任。

【分析 2】

事件 2～事件 4：由于停工时，承包人只提出了停工费用损失索赔，而没有同时提出延长工期索赔，工程竣工时，已超过索赔有效期，故工期索赔无效。

事件 5：甲乙双方代表进行了多次交涉后仍认定承包人工期索赔无效，最后承包人只好同意发包人的反索赔成立，被扣罚金。

承包人共计索赔费用为 7.2＋6.3＋2.6＝16.1 万元，工期索赔为零；发包人向承包人索赔延误工期罚金共计 13.2 万元。

【分析 3】

本案例给人的启示：合同具有法律效力，索赔应认真、及时、全面和熟悉程序。此例若是事件 2、事件 3、事件 4 等三项停工费用损失索赔时，同时提出延长工期的要求被批准，合同竣工工期应延长至 2022 年 8 月 14 日，可以实现竣工日期提前 17 天。不仅避免工期罚金 13.2 万元的损失，按该合同条款的规定，还可以得到 10.2 万元的提前工期奖。由于索赔人员业务不熟悉或粗心，使本来名利双收的事却变成了泡影，有关人员应认真学习索赔知识，总结索赔工作中的成功经验和失败的教训。

6.9.2　比例计算法

1. 对于已知部分工程的延期的时间

工期索赔值＝受干扰部分工程的合同价/原合同价×该受干扰部分工期拖延时间(6-3)

2. 对已知额外增加工程量的价格

工期索赔＝额外增加的工程量的价格/原合同总价×原合同总工期　　　　(6-4)

工期索赔值＝原工期×新增工程量/原工程量　　　　　　　　　(6-5)

【例 6-12】某土方工程合同约定，合同工期为 60 天，当工程量增减超过 15％以上时，超过 15％以上部分承包商可提出变更，实施中因业主提供的地质资料不实，导致工程量由 3200m³ 增加到 4800m³，则承包商可索赔工期（　　）天。

A. 0　　　　B. 16.5　　　C. 21　　　D. 30

分析：计算出可以索赔的工程量：$4800-3200\times(1+15\%)=1120$m³；

合同约定每天工程量：$3200/60=53.33$；

索赔工期：$1120/53.33\approx21$ 天。

 思考与习题

一、单项选择题

1. 在施工过程中，工程师发现曾检验"合格"的工程部位仍存在施工质量问题，则修复该部位工程质量缺陷时，应（　　）。

A. 由承包人承担费用，工期不予顺延

B. 由发包人承担费用，工期给予顺延

C. 由承包人承担费用，工期给予顺延

D. 由发包人承担费用，工期不予顺延

2. 当发生索赔事件时，对于承包商自有的施工机械，其费用索赔通常按照（　　）进行计算。

A. 台班折旧费　　　B. 台班费　　　　C. 设备使用费　　　D. 进出场费用

3. 某工程因发包人原因造成承包人自有施工机械窝工 10 天，该机械市场租赁费为 1200 元/天，进出厂费 2000 元，台班费 400 元/台班，其中台班折旧费 160 元/台班；计划每天工作 1 台班，共使用 40 天，则承包人索赔成立的费用是（　　）元。

A. 4000　　　　　B. 1600　　　　　C. 12000　　　　　D. 12500

4. 最常用的索赔费用计算方法是（　　）。

A. 总费用法　　　　　　　　　B. 修正总费用法

C. 网络分析法　　　　　　　　D. 实际费用法

5. 在施工索赔争议解决方式中，一般以（　　　）最终的解决方法。

A. 和解 B. 调解 C. 诉讼 D. 仲裁

二、多项选择题

1. 在建设工程项目施工索赔中，可索赔的材料费包括（　　　）。

A. 非承包商原因导致材料实际用量超过计划用量而增加的费用

B. 因政策调整导致材料价格上涨的费用

C. 因质量原因导致工程返工所增加的材料费

D. 因承包商提前采购材料而发生的超期储存费用

E. 由业主原因造成的材料损耗费

2. 在建设工程项目施工过程中，施工机械使用费的索赔款项包括（　　　）。

A. 因监理工程师指令错误导致机械停工的窝工费

B. 因机械故障停工维修而导致的窝工费

C. 非承包商责任导致工效降低增加的机械使用费

D. 由于完成额外工作增加的机械使用费

E. 因机械操作工患病停工而导致的机械窝工费

三、计算题

某承包商承建某基础设施项目，其施工网络进度计划如下图所示（时间单位：月）。

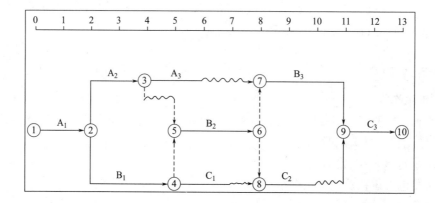

工程实施到第 5 个月末检查时，A_2 工作刚好完成，B_1 工作已进行了 1 个月。在施工过程中发生了如下事件：

事件 1：A_1 工作施工半个月发现业主提供的地质资料不准确，经与业主、设计单位协商确认，将原设计进行变更，设计变更后工程量没有增加，承包商提出以下索赔：设计变更使 A_1 工作施工时间增加 1 个月；要求将原合同工期延长 1 个月。

事件 2：A_3 工作施工过程中由于业主供应的材料没有及时到场，致使该工作延长 1.5 个月，发生人员窝工和机械闲置费用 4 万元（有签证）。

事件 3：工程施工到第 6 个月，遭受飓风袭击，造成了相应的损失，承包商及时向业主提出费用索赔和工期索赔，经业主工程师审核后的内容：

1. 部分已建工程遭受不同程度破坏，费用损失 30 万元。

2. 在施工现场承包商用于施工的机械受到损坏，造成损失 5 万元；用于工程上待安装设备（承包商供应）损坏，造成损失 1 万元。

3. 由于现场停工造成机械台班损失 3 万元，人工窝工费 2 万元。

4. 施工现场承包商使用的临时设施损坏，造成损失 1.5 万元；业主使用的临时用房破坏，修复费用 1 万元。

5. 因灾害造成施工现场停工 0.5 个月，索赔工期 0.5 个月。

6. 灾后清理施工现场，恢复施工需费用 3 万元。

【问题】

1. 不考虑施工过程中发生各事件的影响，在施工网络进度计划中标出第 5 个月末的实际进度前锋线，如果后续工作按原进度计划执行，工期将是多少？

2. 分别指出事件 1 中承包商的索赔是否成立并说明理由。

3. 分别指出事件 3 中承包商的索赔是否成立并说明理由。

4. 除事件 1 引起的企业管理费的索赔费用之外，承包商可得到的索赔费用是多少？合同工期可顺延多长时间？

参考文献

[1] 郑文新，唐寻. 工程招投标与合同管理实务 [M]. 北京：北京大学出版社，2011.

[2] 李燕. 工程招投标与合同管理 [M]. 第2版. 北京：中国建筑工业出版社，2010.

[3] 危道军. 招投标与合同管理实务 [M]. 第4版. 北京：高等教育出版社 2018.

[4] 刘晓琴. 建设工程招投标与合同管理 [M]. 上海：同济大学出版社，2014.

[5] 冯伟. BIM招投标与合同管理 [M]. 北京：化学工业出版社，2018.

[6] 刘钦. 工程招投标与合同管理 [M]. 第4版. 北京：高等教育出版社，2021.

[7] 钟汉华. 建设工程项目招投标与合同管理 [M]. 第2版. 北京：机械工业出版社，2023.

[8] 樊宗义，倪宝艳，徐向东. 工程项目招投标与合同管理 [M]. 北京：中国水利水电出版社，2017.